1 次の式は，単項式，多項式のどちらですか。(6点×6)

(1) $4ab$

(2) $2x^2-3x+1$

(3) $-a+5b$

(4) $3x^2$

(5) $-0.9a^2$

(6) $\dfrac{4}{7}x^2y+\dfrac{1}{9}$

2 次の多項式の項を答えなさい

(1) $2x+y-3$

(2) $x^2-\dfrac{\cdot}{2}x+\overline{}$

3 次の単項式の次数を答えなさい。(6点×3)

(1) $-4a$

(2) $8x^2$

(3) $\dfrac{x^2y}{2}$

4 次の多項式の次数を答えなさい。(6点×3)

(1) x^2-2y-1

(2) $4-\dfrac{1}{3}ab$

(3) $2x^2y+xy$

5 次の式は何次式か答えなさい。(6点×3)

(1) $x-2y$

(2) $-a^2+5a+4$

(3) xy^2-xy+x

② 同類項をまとめる

1 次の式の同類項を答えなさい。（3点×4）

(1) $x+6y+2x+7y$

(2) $2a-5b+9a-15b$

(3) $5x+8ax-x+3ax$

(4) $3a^2+2a-4a+7a^2$

2 次の式の同類項をまとめなさい。（5点×8）

(1) $5x+3y+8x+2y$

(2) $3a-6b+4a-b$

(3) $9y+9-7y+11$

(4) $3b+6a-8b-4a$

(5) $0.7x+9-0.2x-5$

(6) $\dfrac{1}{4}x+\dfrac{1}{2}y-x+\dfrac{1}{8}y$

(7) $1.3y+0.5-0.8y-12.5$

(8) $\dfrac{3}{5}y+2x-\dfrac{2}{3}y-\dfrac{7}{3}x$

3 次の式の同類項をまとめなさい。（8点×6）

(1) $a^2-a-5a+4a^2$

(2) $3x^2+2x-9x^2+6x$

(3) $8ab-6b-4a-6ab$

(4) $2y^2+10-4y^2+9y+7$

(5) $4x^2+y-5y+6x^2$

(6) $2a^2-2ab+b^2-9ab-6a^2$

③ 式の加法

1 次の計算をしなさい。(8点 × 6)

(1) $(x+2y)+(3x-6y)$

(2) $(2a-3b)+(5a+2b)$

(3) $(0.8a-0.3b)+(0.4a-0.2b)$

(4) $(1.5x+3y)+(2x-0.7y)$

(5) $(-5x^2+2x-7)+(2x^2-3x+7)$

( )をそのままはずし，
同類項をまとめるよ。

(6) $(4a^2-3a+9)+(-2a^2-7a-6)$

2 次の計算をしなさい。(6点 × 4)

(1)
$$\begin{array}{r} 7x-2y \\ +)\quad 3x+4y \\ \hline \end{array}$$

(2)
$$\begin{array}{r} -3a+9b \\ +)\quad -7a-2b \\ \hline \end{array}$$

(3)
$$\begin{array}{r} 2a+\ b-5 \\ +)\quad a-5b+9 \\ \hline \end{array}$$

(4)
$$\begin{array}{r} 7x-3y+4 \\ +)\quad -2x\quad\ -8 \\ \hline \end{array}$$

3 次の2つの式をたしなさい。(7点 × 4)

(1) $4a+2b,\ \ 3a-b$

(2) $6a^2-a,\ \ 2a^2-7a$

(3) $8x-4y-3,\ \ 6x+2y-8$

(4) $2x^2-5x+4,\ \ 5x-7x^2-9$

合格点 **80**点

得点

点

解答 ➡ P.62

1 次の計算をしなさい。(8点×6)

(1) $(3x+2y)-(x-7y)$

(2) $(-a+4b)-(-7a+2b)$

(3) $(0.9a-0.4b)-(0.2a+0.7b)$

(4) $(7x+0.8y)-(5.2x-3y)$

(5) $(2x^2+4x+6)-(7x^2-x+6)$

(6) $(-4x^2+8x+2)-(-x^2+5x-6)$

2 次の計算をしなさい。(6点×4)

(1)
$$2x-5y$$
$$-)\ 6x-4y$$

(2)
$$-3a+2b$$
$$-)\ -4a-\ b$$

(3)
$$2a+3b-5$$
$$-)\ 4a-\ b+2$$

(4)
$$x\qquad\ -7$$
$$-)\ 5x+5y-6$$

3 次の2つの式で，左の式から右の式をひきなさい。(7点×4)

(1) $7a+2b,\ 4a-b$

(2) $3x^2+5x,\ x^2+6x$

(3) $-4a+6b-3,\ 8b-a+10$

(4) $x^2-2x+7,\ -7x+4-3x^2$

5 式と数の乗法

1 次の計算をしなさい。（5点×6）

(1) $4(3x+6y)$

(2) $7(a+8b)$

(3) $-2(-5a+b)$

(4) $-(10x-4y)$

(5) $4\left(\dfrac{1}{8}x+\dfrac{3}{4}y\right)$

(6) $(4x-2)\times\left(-\dfrac{1}{2}\right)$

2 次の計算をしなさい。（7点×10）

(1) $3(4x-2y+3)$

(2) $2(9a-8b+1)$

(3) $-3(4x-y+6)$

(4) $-(a+7b-3)$

(5) $0.5(2x+4y-8)$

(6) $0.8(5a-10b+30)$

(7) $\dfrac{2}{3}(6a-9b+3)$

(8) $-\dfrac{3}{7}(14a^2-21a+7)$

(9) $\left(-\dfrac{5}{8}a+\dfrac{1}{2}b+\dfrac{3}{4}\right)\times4$

(10) $(9x-6y-3)\times\left(-\dfrac{1}{3}\right)$

6 式と数の除法

1 次の計算をしなさい。（5点 × 6）

(1) $(6a-4b)\div 2$

(2) $(12x-15y)\div 3$

(3) $(-8x+20y)\div(-4)$

(4) $(9a-7b)\div(-1)$

(5) $\dfrac{12a-6b}{6}$

(6) $(-2x+6y)\div\dfrac{2}{3}$

2 次の計算をしなさい。（7点 × 10）

(1) $(2a+6b+8)\div 2$

(2) $(9x+12y-6)\div 3$

(3) $(15x^2-10x+5)\div(-5)$

(4) $(-12a-18b+9)\div(-3)$

(5) $(6x^2+5x+1)\div 0.2$

(6) $(-10a-20b+7.5)\div 2.5$

(7) $\dfrac{8a-6b+2}{2}$

(8) $\dfrac{9x+6y-12}{3}$

(9) $(6x+9y-3)\div\dfrac{3}{4}$

(10) $(-2x+5y-9)\div\left(-\dfrac{1}{2}\right)$

7 いろいろな計算 ①

合格点 **80**点
得 点

点

解答 ➡ P.62

1 次の計算をしなさい。(7点 × 10)

(1) $3(x+2y)+4(x-3y)$

(2) $3(2a-5b)-3(a+3b)$

(3) $2(2x-3y)+5(4x+4)$

(4) $2(5a-4b)-7(8a-b)$

(5) $-5(2x+3y)+3(x+5y)$

(6) $7(-2x+3y)-4(6y-8x)$

(7) $-4(6x+9y)-8(3x-4y)$

(8) $6(2x-y+1)+9(y+1)$

(9) $7(x-2y+6)-3(-4y+2)$

(10) $2(a^2+3a)-\{4a-(a^2+3)\}$

2 次の問いに答えなさい。(10点 × 3)

(1) $3x-8y$ の 2 倍に，$5x+6y$ の 3 倍をたしなさい。

(2) $4a-b$ の 3 倍から，$3a+2b$ の 2 倍をひきなさい。

(3) $-2x+5y+6$ の 5 倍から，$4x-8y-1$ の 4 倍をひきなさい。

8 いろいろな計算 ②

合格点 **80**点

得点

点

解答 ➡ P.63

1 次の計算をしなさい。(10点×6)

(1) $\dfrac{2x+y}{3} - \dfrac{x-2y}{2}$

(2) $\dfrac{2a-b}{4} - \dfrac{4a-3b}{8}$

(3) $\dfrac{2}{3}(3x-2y) + \dfrac{3}{4}(2x+3y)$

(4) $2a - \dfrac{3a+4b}{6} + \dfrac{2a-b}{4}$

(5) $\dfrac{5}{6}(18a-12b) + \dfrac{3}{8}(8a+4b)$

(6) $\dfrac{5a+18b}{9} - \dfrac{a+2b}{3} - 3a$

2 次の あ ～ う にあてはまる正の数を求めなさい。(10点×4)

(1)
$$\begin{array}{r} 2a + \boxed{い}b \\ +)\ \boxed{あ}a +\ 3b \\ \hline 7a +\ 8b \end{array}$$

(2)
$$\begin{array}{r} 3x^2 +\ 10x + \boxed{う} \\ +)\ \boxed{あ}x^2 - \boxed{い}x +\ 9 \\ \hline 6x^2 +\ 5x + 12 \end{array}$$

(3)
$$\begin{array}{r} 2a - \boxed{い}b +\ 8 \\ -)\ \boxed{あ}a +\ 2b +\ 3 \\ \hline -3a -\ 4b + \boxed{う} \end{array}$$

(4)
$$\begin{array}{r} \boxed{あ}x^2 +\ 9x - \boxed{う} \\ -)\ -x^2 + \boxed{い}x +\ 8 \\ \hline 3x^2 +\ 6x - 10 \end{array}$$

9 まとめテスト ①

合格点 **80** 点

得 点

点

解答 ➡ P.63

1 次の式の同類項をまとめなさい。(4点×4)

(1) $4a-3b+a-5b$

(2) $2x+7y-3x+5y$

(3) $4x-2y-6y+2x$

(4) $2x^2+3x-6x+5x^2+7$

2 次の計算をしなさい。(6点×6)

(1) $(3x+4b)-(-5x+6b)$

(2) $(2a+3)-(5a-9)$

(3) $-8(3a+4b)$

(4) $(10a-5b+15)\div5$

(5)
$$\begin{array}{r} 3x-4y+2 \\ +)\ -5x+4y-5 \\ \hline \end{array}$$

(6)
$$\begin{array}{r} 7a-3b \\ -)\ 5a+6b \\ \hline \end{array}$$

3 次の計算をしなさい。(8点×6)

(1) $3(a+2b)+7(3b-9)$

(2) $5(2x-3y)-4(3x+y)$

(3) $-2(2a+5b)+7(4b-9)$

(4) $-6(3x-9y)-5(6x+8y)$

(5) $\dfrac{x-2y}{3}+\dfrac{2x+y}{2}$

(6) $\dfrac{3}{4}(a+3b)-\dfrac{2}{3}(2a-4b)$

10 単項式の乗法

合格点 **80** 点

得 点

点

解答 ➡ P.63

1 次の計算をしなさい。(4点 × 6)

(1) $5x \times 3y$

(2) $(-4a) \times (-2b)$

(3) $(-7y) \times 3x$

(4) $2x \times (-6y)$

(5) $0.7a \times 0.2b$

(6) $\left(-\dfrac{2}{3}x\right) \times \dfrac{3}{4}y$

2 次の計算をしなさい。(5点 × 4)

(1) $(-3xy) \times 2y$

(2) $ab \times (-a^2 b)$

(3) $4a^2 \times 8a$

(4) $2xy^2 \times (-3x^2 y)$

3 次の計算をしなさい。(7点 × 8)

(1) $(4x)^2$

(2) $(-3x)^3$

(3) $(-a)^2 \times 2b$

(4) $6x^2 \times y \times (-3x)$

(5) $(-a^2) \times 4b \times 5a$

(6) $(-a)^3 \times (-a)^2 \times a$

(7) $(-2a)^2 \times (3b)^3$

(8) $(-2x^2) \times y^2 \times x^3$

合格点 **80**点

得 点

点

解答 ➡ P.63

1 次の計算をしなさい。（5点 × 12）

(1) $8ab \div 4a$

(2) $9xy \div (-3x)$

(3) $(-14xy) \div (-7y)$

(4) $10ab \div (-2ab)$

(5) $15x^3 \div 3x^2$

(6) $(-16b^2) \div 4b$

(7) $24x^2 \div (-6x)$

(8) $20x^2y \div (-4xy)$

(9) $-32ab^2 \div 16ab$

(10) $45x^2y \div (-9xy^2)$

(11) $(-2a)^3 \div a^2$

(12) $(3xy)^2 \div (-xy)$

2 次の計算をしなさい。（8点 × 5）

(1) $9a^2 \div \dfrac{3}{2}a$

(2) $8ab \div \left(-\dfrac{2}{3}b\right)$

(3) $(-7xy) \div \dfrac{1}{5}x$

(4) $\dfrac{2}{3}a^2b \div \dfrac{3}{4}ab^2$

(5) $-\dfrac{7}{12}a^4 \div \left(-\dfrac{1}{4}a^2b\right)$

乗法になおして
計算しよう。

1 次の計算をしなさい。（6点 × 10）

(1) $xy \div (-x) \times 6y$

(2) $8a \times (-5b) \div 4ab$

(3) $4xy \times 3y \div (-6x)$

(4) $12x^3 \div 3x^2 \times 5x$

(5) $6a^2 \div 8ab \times 4b$

(6) $12x^3 \div (-2x) \div 3x$

(7) $-7x^3 \times (-2xy) \times 4y^2$

(8) $-15a^4 \div 5a \div (-3a^2)$

(9) $16a^2b \times (-4ab) \div 8ab^2$

(10) $5xy^2 \div (-3xy^2) \times 6x$

2 次の計算をしなさい。（10点 × 4）

(1) $4x \div (-4x)^2 \times 8x$

(2) $(-2x)^2 \times x \div (-4x)$

(3) $(3a)^2 \div 6ab \times 5b$

(4) $(xy)^3 \div x^2y \div (-y)$

単項式の乗除 ②

1 次の計算をしなさい。(8点×8)

(1) $5x^2 \div \dfrac{5}{7}x \times 2y$

(2) $18ab \times b \div \dfrac{3}{4}a$

(3) $\dfrac{8}{3}a^3 \div 2a \div (-a)$

(4) $\dfrac{13}{7}x^2y \div \dfrac{1}{14}x \div 13y$

(5) $20xy \times \left(-\dfrac{3}{5}y\right) \div \left(-\dfrac{2}{3}x\right)$

(6) $5x^2 \div \left(-\dfrac{3}{10}y^2\right) \times (-3y)$

(7) $(-9x^3) \div \dfrac{3}{7}xy^2 \times \dfrac{4}{7}y^2$

(8) $24ab^2 \div \dfrac{5}{4}ab \div \left(-\dfrac{3}{2}a\right)$

2 次の計算をしなさい。(9点×4)

(1) $\left(-\dfrac{1}{2}a\right)^2 \div 8ab$

(2) $\dfrac{4}{3}x^3 \div \left(-\dfrac{2}{5}x\right)^2$

(3) $\left(\dfrac{2}{3}xy\right)^2 \div \left(-\dfrac{2}{3}x^2y\right)$

(4) $\left(-\dfrac{3}{4}a^3b^2\right) \div \left(-\dfrac{1}{2}ab\right)^2$

合格点 **80**点
得点
点
解答 ➡ P.64

1 $x=-5$, $y=2$ のとき，次の式の値を求めなさい。（10点 × 2）

(1) $4x-7y$

(2) $-3x+y^2$

2 x, y が次の値のとき，$3x+2y^2$ の値を求めなさい。（10点 × 2）

(1) $x=3$, $y=-2$

(2) $x=-5$, $y=3$

3 次の式の値を求めなさい。（12点 × 5）

(1) $a=4$, $b=-3$ のとき，$4a-b$

(2) $x=-3$, $y=5$ のとき，$4xy$

(3) $x=-6$, $y=-4$ のとき，x^2+xy-2

(4) $x=\dfrac{5}{7}$, $y=\dfrac{1}{2}$ のとき，$7x+8y^2$

(5) $a=-\dfrac{1}{2}$, $b=\dfrac{2}{3}$ のとき，$16a^3+18b^2$

合格点 **80** 点

得 点

点

解答 ➡ P.64

1 次の式の値を求めなさい。(10点 × 4)

(1) $x = -3$, $y = 5$ のとき， $2(3x - y) + 5(x + 2y)$

(2) $a = 15$, $b = 21$ のとき， $2(3a - b) - (5a - 2b)$

(3) $x = 0.3$, $y = 0.2$ のとき， $5(x + y) - 2(2x - y)$

(4) $x = \dfrac{1}{3}$, $y = \dfrac{1}{6}$ のとき， $-3(2x - 5y) + 3(x - 3y)$

式を簡単に
してから
代入しよう。

2 次の式の値を求めなさい。(12点 × 5)

(1) $a = -3$, $b = 2$ のとき， $4ab^2 \div 2b$

(2) $a = 5$, $b = -3$ のとき， $15a^2b \div 5ab^2$

(3) $x = 3$, $y = -2$ のとき， $6xy^2 \div (-3xy) \times (-2x)$

(4) $x = 4$, $y = -\dfrac{2}{3}$ のとき， $6x^2y \div 7x$

(5) $a = \dfrac{1}{3}$, $b = 6$ のとき， $6a^2b \div (-3ab) \times \dfrac{1}{2}b$

1 $A=x+y$, $B=x-y$ のとき，次の式を計算しなさい。（8点 × 8）

(1) $A+B$

(2) $2A-B$

(3) $2A+2B-3A$

(4) $5A-3B+6B$

(5) $3A-(2A+B)$

(6) $-6A-3B-(4A+B)$

(7) $4(A+B)-3B$

(8) $3(A-B)-2(A+2B)$

2 $A=2x+y$, $B=3x-2y$ のとき，次の式を計算しなさい。（9点 × 4）

(1) $A-2B$

(2) $5A-3B$

(3) $2(A-B)+B$

(4) $3(A+5B)-(4A+3B)$

等式の変形 ①

合格点 **80**点
得 点
点
解答 ➡ P.65

1 次の等式を〔 〕内の文字について解きなさい。(10点 × 6)

(1) $2x+4y=6$ 〔x〕

(2) $3ab=9$ 〔b〕

(3) $2x+1=3y$ 〔y〕

(4) $y=-2x+3$ 〔x〕

(5) $7a+3b=14$ 〔a〕

(6) $-3y+6x=9$ 〔y〕

2 次の等式を〔 〕内の文字について解きなさい。(10点 × 4)

(1) $b=3(a+4)$ 〔a〕

(2) $4x-5y+3=0$ 〔x〕

(3) $d=5(a+b+c)$ 〔c〕

(4) $2(x+3y)=10$ 〔y〕

等式の変形 ②

1 次の等式を〔 〕内の文字について解きなさい。(7点×4)

(1) $\dfrac{1}{2}x+\dfrac{1}{3}y=1$ 〔x〕

(2) $c=\dfrac{2a-b}{3}$ 〔b〕

(3) $\dfrac{1}{4}(7x-6y)+2=3$ 〔y〕

(4) $2-x=\dfrac{y-1}{3}$ 〔y〕

2 次の等式を〔 〕内の文字について解きなさい。(9点×8)

(1) $\ell=2(a+b)$ 〔a〕

(2) $S=2\pi rh$ 〔r〕

(3) $S=2\pi r^2+2\pi rh$ 〔h〕

(4) $m=\dfrac{a+b+c}{3}$ 〔a〕

(5) $c=\dfrac{4a+b}{5}$ 〔a〕

(6) $S=\dfrac{1}{2}(a+b)h$ 〔h〕

(7) $V=\dfrac{1}{3}\pi r^2h$ 〔h〕

(8) $C=\dfrac{5}{3}(F-10)$ 〔F〕

19 まとめテスト ②

合格点 **80** 点

得点

点

解答 ➡ P.65

1 次の計算をしなさい。(8点 × 8)

(1) $3x \times (-2y)$

(2) $8a^2 \div (-2a)$

(3) $-2x \times (-6y)$

(4) $36x^2 \div (4x)^2$

(5) $(-3a)^3 \div 6a$

(6) $3a^2 \times (-8b) \div 6ab$

(7) $(4x)^2 \div 4xy \times 2y$

(8) $(-xy)^2 \times (-y)^2 \div y^3$

2 $x=4$, $y=-2$ のとき, 次の式の値を求めなさい。(6点 × 2)

(1) $2(x+2y)-(2x-3y)$

(2) $16xy^2 \div (-8y)$

3 次の問いに答えなさい。(8点 × 3)

(1) $A=-2x+y$, $B=x-4y$ のとき, $3A-2B$ を計算しなさい。

(2) $3(x+y)+4y=10$ を y について解きなさい。

(3) $\dfrac{1}{4}(x-3y)+\dfrac{1}{8}y=1$ を x について解きなさい。

20 連立方程式とその解

合格点	**80**点
得 点	点

解答 ➡ P.66

1 x, y をともに正の整数として，次の問いに答えなさい。(15点×3)

(1) 2元1次方程式 $x+y=4$ の解をすべて求めなさい。

(2) 2元1次方程式 $x+2y=5$ の解をすべて求めなさい。

(3) (1)と(2)を利用して，連立方程式 $\begin{cases} x+y=4 \\ x+2y=5 \end{cases}$ の解を求めなさい。

2 次のア〜ウの値の組の中で，連立方程式 $\begin{cases} 3x+y=3 \\ x+2y=-4 \end{cases}$ の解になるものはどれですか。(15点)

ア $x=4$, $y=3$　　**イ** $x=2$, $y=-3$　　**ウ** $x=3$, $y=-6$

3 次のア〜ウの連立方程式の中で，解が $x=4$, $y=1$ になるのはどれですか。(20点)

ア $\begin{cases} y=3-x \\ x+3y=7 \end{cases}$　　**イ** $\begin{cases} 2x-3y=5 \\ x=2y+2 \end{cases}$　　**ウ** $\begin{cases} x+y=3 \\ 2x-y=4 \end{cases}$

4 次のア〜ウの連立方程式の中で，解が $x=-1$, $y=-2$ になるのはどれですか。(20点)

ア $\begin{cases} y=x-1 \\ x+y=3 \end{cases}$　　**イ** $\begin{cases} x=2y+3 \\ 3x+y=5 \end{cases}$　　**ウ** $\begin{cases} x+y=-3 \\ 2x-5y=8 \end{cases}$

加減法による解き方 ①

合格点 **80**点
得点
点

解答 ➡ P.66

1 次の連立方程式を加減法で解きなさい。(7点×4)

(1) $\begin{cases} x+3y=2 \\ x-2y=7 \end{cases}$

(2) $\begin{cases} 2x+y=-4 \\ x-y=-5 \end{cases}$

(3) $\begin{cases} 3x-y=17 \\ x-y=3 \end{cases}$

(4) $\begin{cases} x-4y=-5 \\ 8y-x=8 \end{cases}$

2 次の連立方程式を加減法で解きなさい。(12点×6)

(1) $\begin{cases} 2x+5y=16 \\ 3x-5y=-26 \end{cases}$

(2) $\begin{cases} 4x+3y=29 \\ -x+3y=4 \end{cases}$

(3) $\begin{cases} 6x-7y=28 \\ 6x-y=4 \end{cases}$

(4) $\begin{cases} 3x+2y=-10 \\ 5y-3x=17 \end{cases}$

(5) $\begin{cases} -7x-8y=3 \\ 10x+8y=6 \end{cases}$

(6) $\begin{cases} -11x+5y=16 \\ -7y-11x=4 \end{cases}$

22 加減法による解き方 ②

1 次の連立方程式を加減法で解きなさい。(7点×4)

(1) $\begin{cases} 3x+y=10 \\ 5x+2y=17 \end{cases}$

(2) $\begin{cases} 2x-y=7 \\ 3x-2y=8 \end{cases}$

 係数の絶対値を
そろえよう。

(3) $\begin{cases} 3x-2y=12 \\ 2x+y=1 \end{cases}$

(4) $\begin{cases} 5x+3y=7 \\ x-4y=6 \end{cases}$

2 次の連立方程式を加減法で解きなさい。(12点×6)

(1) $\begin{cases} 2x+3y=0 \\ 4x+5y=-2 \end{cases}$

(2) $\begin{cases} 2x-7y=-11 \\ -4x+3y=33 \end{cases}$

(3) $\begin{cases} 7x+2y=31 \\ 3x-6y=27 \end{cases}$

(4) $\begin{cases} 3x+2y=-8 \\ 5x-4y=-6 \end{cases}$

(5) $\begin{cases} 4x-3y=-14 \\ 2x+5y=6 \end{cases}$

(6) $\begin{cases} 4x+9y=5 \\ 2x-3y=-2 \end{cases}$

加減法による解き方 ③

1 次の連立方程式を加減法で解きなさい。(10点×4)

(1) $\begin{cases} 3x+2y=8 \\ 4x+3y=11 \end{cases}$

(2) $\begin{cases} 3x+2y=5 \\ 2x-3y=12 \end{cases}$

(3) $\begin{cases} 5x-3y=25 \\ 3x-4y=26 \end{cases}$

(4) $\begin{cases} -2x+7y=-34 \\ 5x-3y=27 \end{cases}$

2 次の連立方程式を加減法で解きなさい。(10点×6)

(1) $\begin{cases} 3x-2y=4 \\ 7x-3y=1 \end{cases}$

(2) $\begin{cases} 3x+4y=9 \\ 2x-3y=-11 \end{cases}$

(3) $\begin{cases} 3x-4y=17 \\ 4x+7y=-2 \end{cases}$

(4) $\begin{cases} 2x-5y=9 \\ 3x+4y=2 \end{cases}$

(5) $\begin{cases} 8x+5y=2 \\ 5x+3y=1 \end{cases}$

(6) $\begin{cases} 4x-7y=-13 \\ -5x+3y=-1 \end{cases}$

24 代入法による解き方 ①

1 次の連立方程式を代入法で解きなさい。(7点×4)

(1) $\begin{cases} x = -4y \\ 3x + 2y = 10 \end{cases}$

(2) $\begin{cases} x + y = 12 \\ x = y + 6 \end{cases}$

(3) $\begin{cases} 4x - y = 24 \\ y = -8x \end{cases}$

(4) $\begin{cases} y = x + 8 \\ x - 4y = -5 \end{cases}$

2 次の連立方程式を代入法で解きなさい。(12点×6)

(1) $\begin{cases} x = 5y - 8 \\ x = -3y + 16 \end{cases}$

(2) $\begin{cases} y = -8x - 1 \\ y = 4x + 2 \end{cases}$

(3) $\begin{cases} x + 2y = 7 \\ 2x - 3y = 7 \end{cases}$

(4) $\begin{cases} 3x + 2y = 15 \\ -4x + y = -9 \end{cases}$

(5) $\begin{cases} 3x + 4y = -4 \\ 5x - y = 24 \end{cases}$

(6) $\begin{cases} -7x + 5y = -6 \\ x + 6y = -26 \end{cases}$

1 次の連立方程式を代入法で解きなさい。(7点×4)

(1) $\begin{cases} 2x+3y=-16 \\ 2x=5y \end{cases}$

(2) $\begin{cases} 3x=-9y \\ 2x-9y=-15 \end{cases}$

(3) $\begin{cases} 5x+2y=10 \\ 5x=3y-5 \end{cases}$

(4) $\begin{cases} 8y=-5x+11 \\ 9x+8y=3 \end{cases}$

2 次の連立方程式を代入法で解きなさい。(12点×6)

(1) $\begin{cases} 3x-2y=8 \\ -5x+2y=4 \end{cases}$

(2) $\begin{cases} 6x+5y=13 \\ 6x-2y=-1 \end{cases}$

(3) $\begin{cases} 2(x+y)+x=12 \\ x+y=8 \end{cases}$

(4) $\begin{cases} x-3(x-y)=-18 \\ x-y=7 \end{cases}$

(5) $\begin{cases} x+2y=5 \\ 3(x+2y)-4x=8 \end{cases}$

(6) $\begin{cases} 5x-6(3x-y)=-16 \\ 3x-y=10 \end{cases}$

1 次の連立方程式を解きなさい。（10点 × 4）

(1) $\begin{cases} 2x + 7y = 1 \\ x - 3(x - y) = -11 \end{cases}$

(2) $\begin{cases} 2x - (6y - 5) = 0 \\ 4x = -3y \end{cases}$

(3) $\begin{cases} 5x - 3(2x + y) = -6 \\ 3x + 2y = 11 \end{cases}$

(4) $\begin{cases} 4x + 3y = 7 \\ 7(x + y) - 8y = 6 \end{cases}$

2 次の連立方程式を解きなさい。（15点 × 4）

(1) $\begin{cases} 3(x - y) + y = 21 \\ 5x - (4x + y) = 8 \end{cases}$

(2) $\begin{cases} 2(3x + 1) + 4y = 18 \\ -5x - 3(y + 4) = -23 \end{cases}$

(3) $\begin{cases} 2(2y + x) + (x - 5y) = 23 \\ -10y - (3x + 5y) = 9 \end{cases}$

(4) $\begin{cases} 4(x + 6y) + 3x = -3 \\ 9(x + 1) + 8(2y - 1) = 12 \end{cases}$

1 次の連立方程式を解きなさい。(10点×4)

(1)
$$\begin{cases} x - \dfrac{1}{2}y = 3 \\ 2x + 3y = -2 \end{cases}$$

(2)
$$\begin{cases} x - 3y = -9 \\ \dfrac{1}{3}x + \dfrac{1}{4}y = 2 \end{cases}$$

(3)
$$\begin{cases} 2x + 3y = -5 \\ \dfrac{1}{2}x - \dfrac{2}{3}y = 3 \end{cases}$$

(4)
$$\begin{cases} \dfrac{3}{4}x - \dfrac{1}{5}y = -4 \\ 3x + 8y = -5 \end{cases}$$

2 次の連立方程式を解きなさい。(15点×4)

(1)
$$\begin{cases} 2x - 3y = 12 \\ 2y - \dfrac{x-1}{2} = 5 \end{cases}$$

(2)
$$\begin{cases} 2x - y = 7 \\ \dfrac{x}{2} + \dfrac{y-7}{5} = -1 \end{cases}$$

(3)
$$\begin{cases} \dfrac{5}{100}x + \dfrac{4}{100}y = 25 \\ x + y = 550 \end{cases}$$

(4)
$$\begin{cases} \dfrac{3}{4}x + \dfrac{1}{2}y = 9 \\ \dfrac{2}{3}x - \dfrac{5}{6}y = \dfrac{1}{3} \end{cases}$$

いろいろな連立方程式 ③

合格点 **80**点

得点　　　　点

解答 ➡ P.68

1 次の連立方程式を解きなさい。(10点 × 4)

(1) $\begin{cases} 0.5x + 0.4y = 4 \\ 2x - y = 3 \end{cases}$

(2) $\begin{cases} 0.3x - 0.4y = -1.5 \\ 3x + 2y = 3 \end{cases}$

(3) $\begin{cases} 4x + 5y = -2 \\ 0.2x - 0.3y = 1 \end{cases}$

(4) $\begin{cases} 0.4x + 0.9y = -7.3 \\ 0.07x - 0.08y = -0.09 \end{cases}$

2 次の連立方程式を解きなさい。(15点 × 4)

(1) $\begin{cases} 0.05x - 0.01y = 0.06 \\ 2(x + y) = x - 1 \end{cases}$

(2) $\begin{cases} x + \dfrac{5}{2}y = 2 \\ x + 0.5y = -2 \end{cases}$

(3) $\begin{cases} \dfrac{x}{2} - \dfrac{y}{3} = -3 \\ 0.5x + 0.4y = 1.4 \end{cases}$

(4) $\begin{cases} 0.1x + 1.2y = 4 \\ \dfrac{1}{2}x - \dfrac{1}{6}y + 1 = \dfrac{5}{2} \end{cases}$

合格点 **80**点

得 点

点

解答 ➡ P.68

1 次の連立方程式を解きなさい。(13点×4)

(1) $x-y=-4x-y=3$

(2) $5x+2y=x-y=7$

(3) $-3x-2y=2x+y=1$

(4) $4x-y=-x+3y-22=-11$

2 次の連立方程式を解きなさい。(16点×3)

(1) $x+2y-3=3x+y+2=-x-3y+4$

(2) $3x-y-5=2x-1=16-3x+2y$

(3) $3x+9=2+4y=2x+3y$

まとめテスト ③

1 次の連立方程式を解きなさい。(13点×4)

(1) $\begin{cases} 3x+4y=20 \\ 5x-3y=14 \end{cases}$
(2) $\begin{cases} 4x-3y=23 \\ x=5y-7 \end{cases}$

(3) $\begin{cases} 6x+8y=0 \\ 4x+9y=11 \end{cases}$
(4) $\begin{cases} 3x-4y=17 \\ 6x-5(x+y)=13 \end{cases}$

2 次の連立方程式を解きなさい。(16点×3)

(1) $\begin{cases} \dfrac{-x+11}{5}=\dfrac{y-3}{10} \\ 5x-3y=2 \end{cases}$
(2) $\begin{cases} 0.7x-0.2y=-2.6 \\ \dfrac{2}{3}x+\dfrac{3}{4}y=-10 \end{cases}$

(3) $2x+y-3=4x+3y-5=x-2y+4$

1 次の関数を表す式**ア〜カ**の中で，y が x の1次関数であるものをすべて選びなさい。（20点）

ア $y=\dfrac{x}{3}+2$　　**イ** $y=\dfrac{4}{x}$　　**ウ** $3x+y=-1$

エ $y=x^2$　　**オ** $6x=2y$　　**カ** $xy=-2$

2 次の x，y の関係について，y を x の式で表しなさい。また，y が x の1次関数であるものに〇，そうでないものに×をつけなさい。（8点×10）

(1) 面積が $36\,\mathrm{cm}^2$ である三角形の底辺を $x\,\mathrm{cm}$，高さを $y\,\mathrm{cm}$ とする。

(2) 1辺が $x\,\mathrm{cm}$ の正方形の周の長さを $y\,\mathrm{cm}$ とする。

(3) 半径が $x\,\mathrm{cm}$ の円の面積を $y\,\mathrm{cm}^2$ とする。

(4) 時速 $4\,\mathrm{km}$ で x 時間歩いたときに進む道のりを $y\,\mathrm{km}$ とする。

(5) 水が $40\,\mathrm{cm}^3$ 入っている水そうに毎分 $8\,\mathrm{cm}^3$ の割合で水を入れるとき，x 分後に水そうに入っている水の体積を $y\,\mathrm{cm}^3$ とする。

32 1次関数の値の変化

合格点 **80**点
得点　　点
解答 ➡ P.69

① 1次関数 $y=3x-5$ で，x の値が次のように増加したときの $\dfrac{y \text{の増加量}}{x \text{の増加量}}$ を求めなさい。(8点×4)

(1) 1 から 3 まで

(2) -7 から -4 まで

(3) -2 から 1 まで

(4) -5 から 5 まで

② 次の1次関数の変化の割合を求めなさい。(8点×4)

(1) $y=-4x+5$

(2) $y=\dfrac{1}{2}x-8$

(3) $4x-y=1$

(4) $3x+4y=8$

③ 次の1次関数で，x の増加量が4のときの y の増加量を求めなさい。

(9点×4)

(1) $y=5x-9$

(2) $y=-\dfrac{2}{3}x+4$

(3) $7x+y=-3$

(4) $5x-2y=1$

33 1次関数の式

1 次の1次関数の式を求めなさい。(10点×2)

(1) 変化の割合が3で，$x=-2$ のとき $y=7$ である1次関数

(2) 変化の割合が $-\dfrac{3}{4}$ で，$x=6$ のとき $y=-9$ である1次関数

2 次の1次関数の式を求めなさい。(16点×2)

(1) $x=5$ のとき $y=-4$，$x=-4$ のとき $y=-10$ である1次関数

(2) $x=-5$ のとき $y=5$，$x=10$ のとき $y=-1$ である1次関数

3 次の1次関数の式を求めなさい。(16点×3)

(1) $x=5$ のとき $y=9$ であり，x の値が5増加すると y の値が3増加する1次関数

(2) $x=-3$ のとき $y=17$ であり，x の値が3増加すると y の値が15減少する1次関数

(3) $x=\dfrac{1}{2}$ のとき $y=-1$ であり，x の値が3減少すると y の値が12減少する1次関数

1 次の直線の式を求めなさい。(12点 × 3)

(1) 傾きが 3 で，切片が −2 である直線

(2) 傾きが $-\dfrac{2}{3}$ で，点 (9, 3) を通る直線

(3) 切片が −5 で，点 (3, 4) を通る直線

2 次の直線の式を求めなさい。(16点 × 4)

(1) 2 点 (2, 5), (6, 3) を通る直線

(2) 2 点 (−2, −15), (3, 5) を通る直線

(3) 2 点 (−1, 3), (5, 3) を通る直線

(4) y 軸との交点の y 座標が 3，x 軸との交点の x 座標が 5 である直線

35 直線の式 ②

1 次の直線の式を求めなさい。(12点 × 3)

(1) 直線 $y=3x$ に平行で，点 $(2,\ 11)$ を通る直線

この直線の傾き
は 3 だね。

(2) 直線 $y=-\dfrac{3}{5}x+2$ に平行で，x 軸と -5 で交わる直線

(3) 直線 $y=-\dfrac{5}{2}x-\dfrac{2}{3}$ を，y 軸の正の方向に 2 だけ平行移動させた直線

2 次の直線の式を求めなさい。(16点 × 4)

(1) 直線 $2x+3y=-12$ に平行で，点 $(3,\ 3)$ を通る直線

(2) 直線 $3x-8y=9$ に平行で，点 $(5,\ 1)$ を通る直線

(3) 直線 $-x+7y=7$ に平行で，点 $(-14,\ 4)$ を通る直線

(4) y 軸に平行で，点 $(-2,\ 3)$ を通る直線

36 直線の交点

合格点	**80** 点
得 点	点

解答 ➡ P.71

1 次の図の2つの直線 ℓ, m の交点 P の座標を求めなさい。(10点×2)

(1)
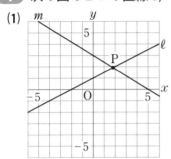

(2)
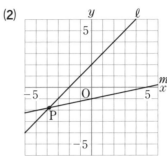

2 次の図の3つの直線 ℓ, m, n のそれぞれ2直線の交点 P, Q, R の座標を求めなさい。(10点×6)

(1)
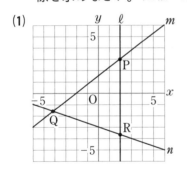

(2)
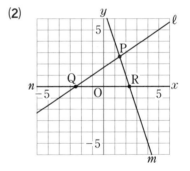

3 次の直線の式を求めなさい。(10点×2)

(1) 直線 $y=2x+8$ と直線 $y=-\dfrac{3}{2}x+1$ の交点と点 $(2, 2)$ を通る直線

(2) 直線 $y=-x-1$ と直線 $y=\dfrac{1}{4}x+\dfrac{3}{2}$ の交点を通り，切片が -5 である直線

1 1次関数 $y=-2x-5$ について，次の問いに答えなさい。(10点 × 2)

(1) 変化の割合をいいなさい。

(2) このグラフの傾きと切片をいいなさい。

2 次の式を求めなさい。(20点 × 3)

(1) 変化の割合が -4 で，$x=5$ のとき $y=-12$ である1次関数の式

(2) グラフが2点 $(-4,\ 0)$，$(2,\ 4)$ を通る1次関数の式

(3) 直線 $4x-5y=-13$ に平行で，点 $(10,\ -3)$ を通る直線の式

3 右の図の2つの直線 ℓ，m の交点Pの座標を
求めなさい。(20点)

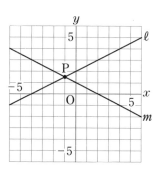

38 平行線と角 ①

1 次の図で，$\ell /\!/ m$，$p /\!/ r$ のとき，次の問いに答えなさい。(15点 × 4)

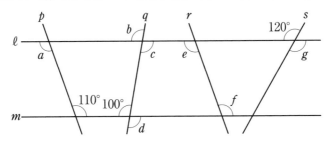

(1) $\angle a$ の大きさを求めなさい。

平行線の同位角，
錯角は等しい！

(2) $\angle a$ と大きさの等しい角をすべて選びなさい。

(3) $\angle b$ の大きさを求めなさい。

(4) $\angle b$ と大きさの等しい角をすべて選びなさい。

2 次の図で，$\ell /\!/ m$ のとき，$\angle x$，$\angle y$ の大きさを求めなさい。(10点 × 4)

(1)

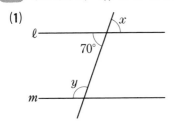

(2)

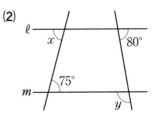

39 平行線と角 ②

合格点 **80**点

得 点

点

解答 ➡ P.72

1 次の図で，ℓ∥m のとき，∠x の大きさを求めなさい。（15点 × 4）

(1)
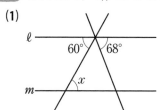

(2)
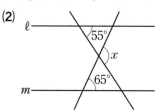

(3)
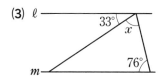

(4)
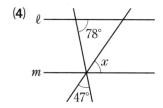

2 次の図で，ℓ∥m のとき，∠x の大きさを求めなさい。（20点 × 2）

(1)
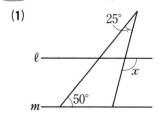

(2)
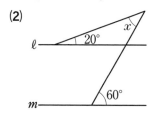

-39-

㊵ 平行線と角 ③

1 次の図で，ℓ∥m のとき，∠x の大きさを求めなさい。（15点×4）

(1)

(2)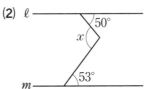

(3)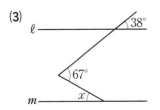

(4)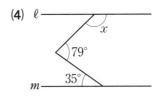

2 次の図で，ℓ∥m のとき，∠x の大きさを求めなさい。（20点×2）

(1)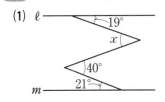

(2)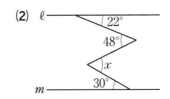

41 多角形の角 ①

1 次の図で，∠x の大きさを求めなさい。（16点 × 2）

(1)

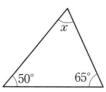

(2)

2 次の図で，∠x の大きさを求めなさい。（17点 × 4）

(1)

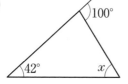

(2)

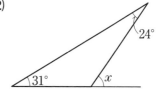

(3)

(4)

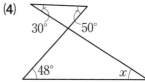

42 多角形の角 ②

1 多角形の内角について，次の問いに答えなさい。(16点 × 2)

(1) 正八角形の 1 つの内角の大きさを求めなさい。

n 角形の
内角の和は
$180° × (n−2)$

(2) 内角の和が 2160° である多角形は何角形ですか。

2 次の図で，∠*x* の大きさを求めなさい。(17点 × 4)

(1)
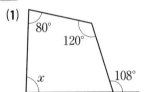

(2)

(3)
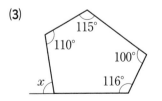

(4)
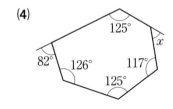

-42-

合格点	**80** 点
得 点	
	点

解答 ➡ P.73

1 正多角形の外角について，次の問いに答えなさい。(16点 × 2)

(1) 正九角形の 1 つの外角の大きさを求めなさい。

(2) 1 つの外角が 24° である正多角形は正何角形ですか。

2 次の図で，∠x の大きさを求めなさい。(17点 × 4)

(1)

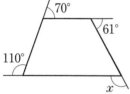

(2)

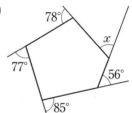

(3)

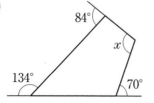

(4)

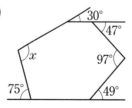

－43－

まとめテスト ⑤

合格点 **80** 点
得点
点
解答 ➡ P.73

1 次の図で，ℓ∥m のとき，∠x の大きさを求めなさい。(16点 × 2)

(1)
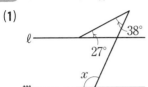

(2)
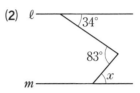

2 次の図で，∠x の大きさを求めなさい。(17点 × 4)

(1)
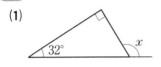

(2)
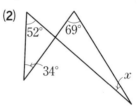

(3)
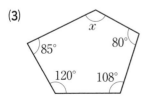

(4)
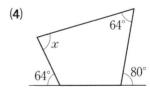

いろいろな図形の角 ①

1 次の図で，∠*x* の大きさを求めなさい。(16点×2)

(1)
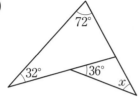

(2)
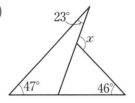

2 次の図で，∠*x* の大きさを求めなさい。(17点×4)

(1)
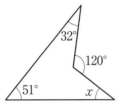

(2)
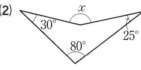

(3)
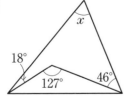

(4)
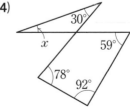

いろいろな図形の角 ②

1 次の図で，∠x の大きさを求めなさい。(15点 × 4)

(1)

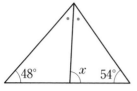

(2)

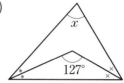

(3)

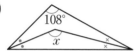

(4)

2 次の図で，∠x の大きさを求めなさい。(20点 × 2)

(1)

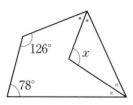

(2)

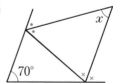

47 いろいろな図形の角 ③

1 長方形の紙を次の図のように折り返したとき，∠x，∠y の大きさを求めなさい。(12点×6)

(1)

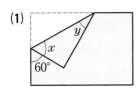

折り返した角と
もとの角は
等しくなるよ！

(2)

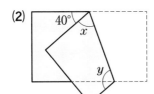

(3)

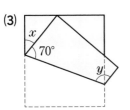

2 対角線 **AB** がひかれた正方形の紙を右の図のように折り返したとき，∠x，∠y の大きさを求めなさい。(14点×2)

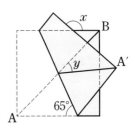

いろいろな図形の角 ④

1 次の図で，∠x の大きさを求めなさい。（20点 × 2）

(1)

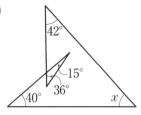

(2)

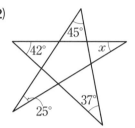

2 右の図で，印をつけた 4 つの角の大きさの和を求めなさい。（20点）

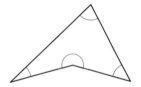

3 次の図で，印をつけた 5 つの角の大きさの和を求めなさい。（20点 × 2）

(1)

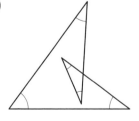

(2)

49 二等辺三角形の角

合格点 **80**点
得 点　　　　点
解答 ➡ P.75

1 次の図で，∠x の大きさを求めなさい。(14点 × 2)

(1)

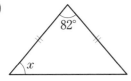

(2)

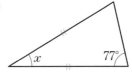

2 次の図で，∠x の大きさを求めなさい。(18点 × 4)

(1)

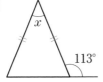

(2)

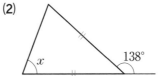

(3)

(4)

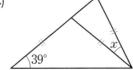

50 平行四辺形の角

1 次の平行四辺形で，∠x の大きさを求めなさい。(15点 × 4)

(1)

(2)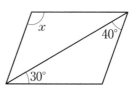

(3)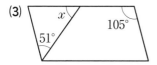

(4)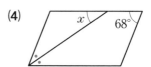

2 次の平行四辺形で，∠x の大きさを求めなさい。(20点 × 2)

(1)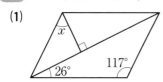

(2)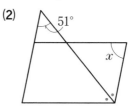

51 まとめテスト⑥

解答 ➡ P.75

合格点 **80**点

得点　　点

1 次の図で，∠x の大きさを求めなさい。(14点×2)

(1)

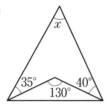

(2)

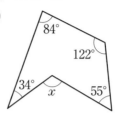

2 次の図で，∠x の大きさを求めなさい。(18点×2)

(1)

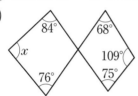

(2)

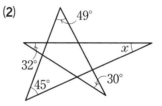

3 次の図で，∠x の大きさを求めなさい。(18点×2)

(1)

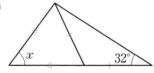

(2)

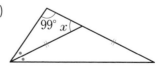

52 データの分布 ①

1 下の表は，A 班，B 班の生徒が受けたあるテストの点数を，班ごとに記録したものです。

A班(点)	4	1	6	3	8	5	1	8	4	10	
B班(点)	5	9	3	7	4	7	5	3	8	9	6

(1) A，B それぞれの班の平均値を求めなさい。(8点 × 2)

(2) A，B それぞれの班の中央値を求めなさい。(8点 × 2)

(3) A，B それぞれの班の第1四分位数を求めなさい。(8点 × 2)

(4) A，B それぞれの班の第3四分位数を求めなさい。(8点 × 2)

(5) A，B それぞれの班の四分位範囲を求めなさい。(8点 × 2)

(6) A，B それぞれの班について，点数の箱ひげ図をかきなさい。
(10点 × 2)

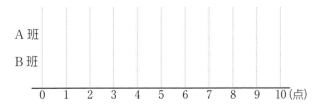

データの分布 ②

合格点	**80** 点
得 点	点

解答 ➡ P.76

1 下の表は，ある学校の1組と2組の生徒が受けたテストの点数を，男女ごとに点数の低い順にまとめたものです。(20点×5)

(単位：点)

1組	男子	30	40	60	60	65	65	80	80	90	95
	女子	30	50	60	65	70	70	75	85	85	
2組	男子	20	30	60	75	75	75	80	90	95	100
	女子	25	40	50	55	65	65	90	90		

(1) 1組，2組のそれぞれについて箱ひげ図をかきなさい。

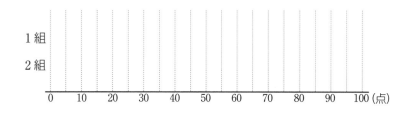

(2) 男子，女子のそれぞれについて箱ひげ図をかきなさい。

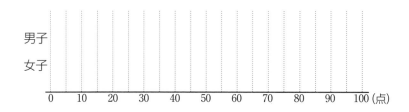

(3) (2)の箱ひげ図で，四分位範囲が大きいのは男子，女子のどちらですか。

合格点 **80**点

得 点

点

解答 ➡ P.77

1 下の表は，コインを繰り返し投げ，その結果をまとめたものです。

投げた回数	200	400	600	800	1000
表が出た回数	107	187	295	405	497
表が出た割合	0.535	0.468	①	②	0.497

(1) ①，②にあてはまる数を四捨五入して小数第3位まで求めなさい。（20点×2）

(2) この実験結果から，コインを投げるときに表が出る確率はどのくらいと考えられますか。実験結果の数値で答えなさい。（10点）

(3) 表が出ることも裏が出ることも同様に確からしいものとして，コインを投げるときに表が出る確率を，場合の数を使って求めなさい。（10点）

2 50本中20本の当たりくじが入っているくじを1回ひくとき，次の確率を求めなさい。（10点×2）

(1) 当たりをひく確率

(2) 当たりをひかない確率

3 ジョーカーを除く52枚のトランプから1枚をひくとき，次の確率を求めなさい。（10点×2）

(1) スペードのカードをひく確率

(2) 5の倍数のカードをひく確率

合格点 **80**点

得 点

点

解答 ➡ P.77

1 1つのさいころを投げるとき，次の確率を求めなさい。(10点×4)

(1) 2の目が出る確率

(2) 5の目が出ない確率

(3) 4以下の目が出る確率

(4) 3の倍数の目が出る確率

2 1, 2, …, 20 の数が書かれた 20 枚のカードから 1 枚をひくとき，次の確率を求めなさい。(10点×2)

(1) 3の倍数のカードをひく確率

(2) 3の倍数または4の倍数のカードをひく確率

3 赤玉が1個，青玉が2個，白玉が3個，黒玉が4個入っている箱の中から，玉を1個取り出すとき，次の確率を求めなさい。(10点×4)

(1) 青玉を取り出す確率

(2) 白玉または黒玉を取り出す確率

(3) 赤玉を取り出さない確率

(4) 青玉，白玉，黒玉のいずれかを取り出す確率

1 100 円硬貨 1 枚と 50 円硬貨 1 枚と 10 円硬貨 1 枚を同時に投げるとき，次の確率を求めなさい。(15点 × 2)

(1) 1 枚だけ裏が出る確率

(2) 表が出た硬貨の金額が 100 円以上になる確率

2 大小 2 つのさいころを同時に投げるとき，次の確率を求めなさい。
(1) 同じ目が出る確率 (10点)

(2) 出た目の数の和が 6 になる確率 (15点)

(3) 出た目の数の和が 8 以上になる確率 (15点)

3 A，B，C の 3 人で 1 回だけじゃんけんをするとき，次の確率を求めなさい。(15点 × 2)

(1) A が 1 人だけ勝つ確率

(2) あいこになる確率

57 いろいろな確率 ②

1 $\boxed{1}$, $\boxed{2}$, $\boxed{3}$ の3枚のカードの中から2枚のカードを取り出し，取り出した順に並べて，2けたの整数をつくります。このとき，次の確率を求めなさい。（25点×2）

(1) できる整数が偶数である確率

同じ数のカードは並ばないよ！

(2) できる整数が20以上である確率

2 $\boxed{1}$, $\boxed{2}$, $\boxed{3}$, $\boxed{4}$, $\boxed{5}$ の5枚のカードの中から，同時に2枚のカードを取り出すとき，次の確率を求めなさい。（25点×2）

(1) 2つの数の和が6以上になる確率

(2) 2つの数の積が奇数になる確率

58 いろいろな確率 ③

合格点 **75**点
得 点
点
解答 ➡ P.78

1 赤玉が2個, 白玉が3個入っている袋があります。袋から1個取り出し, それをもどしてまた1個を取り出すとき, 2回とも白玉が出る確率を求めなさい。(25点)

2 赤玉が4個, 白玉が2個入っている袋の中から, 1個ずつ2回続けて玉を取り出すとき, 1回目に赤玉が出て, 2回目に白玉が出る確率を求めなさい。(25点)

3 赤玉が2個, 白玉が3個入っている袋があります。この袋の中から, 同時に2個の玉を取り出すとき, 2個とも白玉が出る確率を求めなさい。(25点)

4 赤玉が3個, 青玉が1個, 白玉が1個入っている袋の中から, 同時に2個の玉を取り出すとき, 2個の玉の色が異なる確率を求めなさい。(25点)

1 5本のうち2本が当たりになっているくじがあります。このくじをひく とき，次の確率を求めなさい。(16点×3)

(1) くじを1本ひくとき，当たる確率

(2) くじを同時に2本ひくとき，2本とも当たる確率

(3) くじを同時に2本ひくとき，少なくとも1本は当たる確率

2 A，B，C，Dの4人の中から，給食係と掃除係をそれぞれ1人ずつく じで選ぶとき，Bが給食係，Dが掃除係に選ばれる確率を求めなさい。
(20点)

3 A，B，C，D，Eの5人の中から，2人の当番をくじで選ぶとき，次の 確率を求めなさい。(16点×2)

(1) AとEの2人が選ばれる確率

樹形図をかい て考えよう。

(2) Bが選ばれる確率

まとめテスト⑦

1 1枚のコインを3回投げるとき，少なくとも1回は裏が出る確率を求めなさい。(25点)

2 大小2つのさいころを同時に投げるとき，目の数の差が4になる確率を求めなさい。(25点)

3 袋の中に ①，②，③，④ の4枚のカードが入っています。カードを1枚ずつ2回続けて取り出し，取り出した順に左から右へ並べ，2けたの整数をつくります。このとき，その整数が3の倍数になる確率を求めなさい。(25点)

4 赤玉が3個，白玉が3個入っている袋の中から，同時に玉を2個取り出すとき，2個とも赤玉が出る確率を求めなさい。(25点)

解 答 編

▶式の計算

1 単項式と多項式

❶ (1)単項式 (2)多項式 (3)多項式
　(4)単項式 (5)単項式 (6)多項式

❷ (1)$2x$,　y,　-3　(2)x^2,　$-\dfrac{1}{2}x$,　$\dfrac{1}{3}$

❸ (1)1 (2)2 (3)3

❹ (1)2 (2)2 (3)3

❺ (1)1 次式 (2)2 次式 (3)3 次式

解き方考え方

❶ (1)数や文字の乗法だけで表せるから，単項式である。
　(2)$2x^2+(-3x)+1$ のように単項式の和の形で表せるから，多項式である。

❷ 多項式の 1 つ 1 つの単項式を，その多項式の**項**という。

❸ (2)$8x^2=8\times x\times x$
　かけられている文字の個数が 2 個なので，次数は 2。

❹ (1)x^2-2y-1 の 3 つの項の中で，次数の最も大きい項は x^2 で，その次数は 2。

❺ (3)xy^2-xy+x の項の中で，次数の最も大きい項は xy^2 で，その次数は 3 なので，この式は 3 次式。

2 同類項をまとめる

❶ (1)x と $2x$,　$6y$ と $7y$
　(2)$2a$ と $9a$,　$-5b$ と $-15b$
　(3)$5x$ と $-x$,　$8ax$ と $3ax$
　(4)$3a^2$ と $7a^2$,　$2a$ と $-4a$

❷ (1)$13x+5y$ (2)$7a-7b$
　(3)$2y+20$ (4)$2a-5b$
　(5)$0.5x+4$ (6)$-\dfrac{3}{4}x+\dfrac{5}{8}y$

　(7)$0.5y-12$ (8)$-\dfrac{1}{3}x-\dfrac{1}{15}y$

❸ (1)$5a^2-6a$ (2)$-6x^2+8x$
　(3)$2ab-4a-6b$ (4)$-2y^2+9y+17$
　(5)$10x^2-4y$ (6)$-4a^2-11ab+b^2$

解き方考え方

❶ (4)a^2 と a は，文字の種類が同じでも次数が異なるので，同類項ではない。

❷ 同類項は，分配法則を使って，1 つの項にまとめることができる。
$$ma+na=(m+n)a$$
(8)$\dfrac{3}{5}y+2x-\dfrac{2}{3}y-\dfrac{7}{3}x$
$=2x-\dfrac{7}{3}x+\dfrac{3}{5}y-\dfrac{2}{3}y$
$=\dfrac{6}{3}x-\dfrac{7}{3}x+\dfrac{9}{15}y-\dfrac{10}{15}y$
$=\left(\dfrac{6}{3}-\dfrac{7}{3}\right)x+\left(\dfrac{9}{15}-\dfrac{10}{15}\right)y=-\dfrac{1}{3}x-\dfrac{1}{15}y$

3 式の加法

❶ (1)$4x-4y$ (2)$7a-b$
　(3)$1.2a-0.5b$ (4)$3.5x+2.3y$
　(5)$-3x^2-x$ (6)$2a^2-10a+3$

❷ (1)$10x+2y$ (2)$-10a+7b$
　(3)$3a-4b+4$ (4)$5x-3y-4$

❸ (1)$7a+b$ (2)$8a^2-8a$
　(3)$14x-2y-11$ (4)$-5x^2-5$

解き方考え方

多項式の加法は，2 つの式の各項をすべてたし，同類項や数の項をそれぞれまとめておく。

❶ (1)$(x+2y)+(3x-6y)=x+2y+3x-6y$
　　$=x+3x+2y-6y=4x-4y$

❸ (4)$(2x^2-5x+4)+(5x-7x^2-9)$
　　$=2x^2-5x+4+5x-7x^2-9$
　　$=2x^2-7x^2-5x+5x+4-9=-5x^2-5$

4 式の減法

① (1) $2x+9y$　(2) $6a+2b$
　　(3) $0.7a-1.1b$　(4) $1.8x+3.8y$
　　(5) $-5x^2+5x$　(6) $-3x^2+3x+8$

② (1) $-4x-y$　(2) $a+3b$
　　(3) $-2a+4b-7$　(4) $-4x-5y-1$

③ (1) $3a+3b$　(2) $2x^2-x$
　　(3) $-3a-2b-13$　(4) $4x^2+5x+3$

解き方 考え方
多項式の減法は，ひく式の各項の符号を変えて，加法になおす。

① (1) $(3x+2y)-(x-7y)=3x+2y-x+7y$
　　$=3x-x+2y+7y=2x+9y$

③ (4) $(x^2-2x+7)-(-7x+4-3x^2)$
　　$=x^2-2x+7+7x-4+3x^2=4x^2+5x+3$

5 式と数の乗法

① (1) $12x+24y$　(2) $7a+56b$
　　(3) $10a-2b$　(4) $-10x+4y$
　　(5) $\frac{1}{2}x+3y$　(6) $-2x+1$

② (1) $12x-6y+9$　(2) $18a-16b+2$
　　(3) $-12x+3y-18$　(4) $-a-7b+3$
　　(5) $x+2y-4$　(6) $4a-8b+24$
　　(7) $4a-6b+2$　(8) $-6a^2+9a-3$
　　(9) $-\frac{5}{2}a+2b+3$　(10) $-3x+2y+1$

解き方 考え方
多項式と数の乗法は，分配法則を使って（　）をはずす。
$a(b+c)=ab+ac$
$(a+b)c=ac+bc$

① (1) $4(3x+6y)=4\times3x+4\times6y=12x+24y$

　　(6) $(4x-2)\times\left(-\frac{1}{2}\right)$
　　$=4x\times\left(-\frac{1}{2}\right)-2\times\left(-\frac{1}{2}\right)=-2x+1$

② (1) $3(4x-2y+3)=3\times4x+3\times(-2y)+3\times3$
　　$=12x-6y+9$

6 式と数の除法

① (1) $3a-2b$　(2) $4x-5y$　(3) $2x-5y$
　　(4) $-9a+7b$　(5) $2a-b$　(6) $-3x+9y$

② (1) $a+3b+4$　(2) $3x+4y-2$
　　(3) $-3x^2+2x-1$　(4) $4a+6b-3$
　　(5) $30x^2+25x+5$　(6) $-4a-8b+3$
　　(7) $4a-3b+1$　(8) $3x+2y-4$
　　(9) $8x+12y-4$　(10) $4x-10y+18$

解き方 考え方
多項式と数の除法は，乗法の形になおすか，分数の形になおして計算する。

① (1) $(6a-4b)\div2$　　　$(6a-4b)\div2$

$=(6a-4b)\times\frac{1}{2}$　　$=\dfrac{6a-4b}{2}$

$=\dfrac{6a}{2}-\dfrac{4b}{2}$　　$=\dfrac{6a}{2}-\dfrac{4b}{2}$

$=3a-2b$　　　　　$=3a-2b$

② (5) $(6x^2+5x+1)\div0.2=(6x^2+5x+1)\div\frac{1}{5}$
　　$=(6x^2+5x+1)\times5=30x^2+25x+5$

7 いろいろな計算 ①

① (1) $7x-6y$　(2) $3a-24b$
　　(3) $24x-6y+20$　(4) $-46a-b$
　　(5) $-7x$　(6) $18x-3y$　(7) $-48x-4y$
　　(8) $12x+3y+15$　(9) $7x-2y+36$
　　(10) $3a^2+2a+3$

② (1) $21x+2y$　(2) $6a-7b$
　　(3) $-26x+57y+34$

解き方 考え方
① （　）をふくむ式の計算は，（　）をはずして，同類項をまとめる。
　　(5) $-5(2x+3y)+3(x+5y)$
　　$=-10x-15y+3x+15y=-7x$
　　(10) $2(a^2+3a)-\{4a-(a^2+3)\}$
　　$=2a^2+6a-(4a-a^2-3)$
　　$=2a^2+6a-4a+a^2+3=3a^2+2a+3$

② (1) $2(3x-8y)+3(5x+6y)$
　　$=6x-16y+15x+18y=21x+2y$

(2) $3(4a-b)-2(3a+2b)$
$=12a-3b-6a-4b=6a-7b$

8 いろいろな計算 ②

❶ (1) $\dfrac{x+8y}{6}$ (2) $\dfrac{b}{8}$ (3) $\dfrac{42x+11y}{12}$

(4) $\dfrac{24a-11b}{12}$ (5) $18a-\dfrac{17}{2}b$

(6) $\dfrac{-25a+12b}{9}$

❷ (1) あ 5, い 5

(2) あ 3, い 5, う 3

(3) あ 5, い 2, う 5

(4) あ 2, い 3, う 2

解き方 考え方

❶ 分数の形をした式の計算は, 通分して1つの分数になおしてから計算する。

(4) $2a-\dfrac{3a+4b}{6}+\dfrac{2a-b}{4}$

$=\dfrac{24a-2(3a+4b)+3(2a-b)}{12}$

$=\dfrac{24a-6a-8b+6a-3b}{12}=\dfrac{24a-11b}{12}$

❷ (1) 係数を考えると,

$2+$あ$=7$, い$+3=8$ となるから,

あ$=5$, い$=5$ となる。

(4) 係数を考えると,

あ$-(-1)=3$, $9-$い$=6$, $-$う$-8=-10$

となるから, あ$=2$, い$=3$, う$=2$ となる。

9 まとめテスト ①

❶ (1) $5a-8b$ (2) $-x+12y$

(3) $6x-8y$ (4) $7x^2-3x+7$

❷ (1) $8x-2b$ (2) $-3a+12$

(3) $-24a-32b$ (4) $2a-b+3$

(5) $-2x-3$ (6) $2a-9b$

❸ (1) $3a+27b-63$ (2) $-2x-19y$

(3) $-4a+18b-63$ (4) $-48x+14y$

(5) $\dfrac{8x-y}{6}$ (6) $\dfrac{-7a+59b}{12}$

解き方 考え方

❸ (4) $-6(3x-9y)-5(6x+8y)$

$=-18x+54y-30x-40y=-48x+14y$

(6) $\dfrac{3}{4}(a+3b)-\dfrac{2}{3}(2a-4b)$

$=\dfrac{9(a+3b)-8(2a-4b)}{12}$

$=\dfrac{9a+27b-16a+32b}{12}=\dfrac{-7a+59b}{12}$

10 単項式の乗法

❶ (1) $15xy$ (2) $8ab$ (3) $-21xy$

(4) $-12xy$ (5) $0.14ab$ (6) $-\dfrac{1}{2}xy$

❷ (1) $-6xy^2$ (2) $-a^3b^2$ (3) $32a^3$

(4) $-6x^3y^3$

❸ (1) $16x^2$ (2) $-27x^3$ (3) $2a^2b$

(4) $-18x^3y$ (5) $-20a^3b$ (6) $-a^6$

(7) $108a^2b^3$ (8) $-2x^5y^2$

解き方 考え方

❶ 単項式どうしの乗法は, 係数どうしの積に文字どうしの積をかける。

(1) $5x\times3y=(5\times3)\times(x\times y)=15xy$

❸ 指数をふくむ計算は, 乗法の形になおす。

(1) $(4x)^2=4x\times4x=16x^2$

(2) $(-3x)^3=(-3x)\times(-3x)\times(-3x)$

$=-27x^3$

11 単項式の除法

❶ (1) $2b$ (2) $-3y$ (3) $2x$ (4) -5

(5) $5x$ (6) $-4b$ (7) $-4x$ (8) $-5x$

(9) $-2b$ (10) $-\dfrac{5x}{y}$ (11) $-8a$ (12) $-9xy$

❷ (1) $6a$ (2) $-12a$ (3) $-35y$

(4) $\dfrac{8a}{9b}$ (5) $\dfrac{7a^2}{3b}$

解き方 考え方

単項式の除法は, 乗法の形になおすか, 分数の形になおして計算する。

解答

❶ (1) $8ab \div 4a = \dfrac{8ab}{4a} = 2b$

❷ (1) $9a^2 \div \dfrac{3}{2}a = 9a^2 \div \dfrac{3a}{2} = 9a^2 \times \dfrac{2}{3a} = 6a$

(4) $\dfrac{2}{3}a^2b \div \dfrac{3}{4}ab^2 = \dfrac{2a^2b}{3} \div \dfrac{3ab^2}{4}$

$\quad = \dfrac{2a^2b}{3} \times \dfrac{4}{3ab^2} = \dfrac{8a}{9b}$

---

12 単項式の乗除 ①

❶ (1) $-6y^2$　(2) -10　(3) $-2y^2$　(4) $20x^2$

(5) $3a$　(6) $-2x$　(7) $56x^4y^3$　(8) a

(9) $-8a^2$　(10) $-10x$

❷ (1) 2　(2) $-x^2$　(3) $\dfrac{15}{2}a$　(4) $-xy$

解き方 考え方

❶ (1) $xy \div (-x) \times 6y = xy \times \dfrac{1}{-x} \times 6y$

$\quad = \dfrac{xy \times 6y}{-x} = -6y^2$

❷ (1) $4x \div (-4x)^2 \times 8x = 4x \times \dfrac{1}{(-4x)^2} \times 8x$

$\quad = \dfrac{4x \times 8x}{(-4x) \times (-4x)} = 2$

---

13 単項式の乗除 ②

❶ (1) $14xy$　(2) $24b^2$　(3) $-\dfrac{4}{3}a$　(4) $2x$

(5) $18y^2$　(6) $\dfrac{50x^2}{y}$　(7) $-12x^2$　(8) $-\dfrac{64b}{5a}$

❷ (1) $\dfrac{a}{32b}$　(2) $\dfrac{25}{3}x$　(3) $-\dfrac{2}{3}y$　(4) $-3a$

解き方 考え方

❶ (4) $\dfrac{13}{7}x^2y \div \dfrac{1}{14}x \div 13y = \dfrac{13x^2y}{7} \div \dfrac{x}{14} \div 13y$

$\quad = \dfrac{13x^2y}{7} \times \dfrac{14}{x} \times \dfrac{1}{13y} = \dfrac{13x^2y \times 14}{7 \times x \times 13y} = 2x$

❷ (2) $\dfrac{4}{3}x^3 \div \left(-\dfrac{2}{5}x\right)^2 = \dfrac{4x^3}{3} \div \left(-\dfrac{2x}{5}\right)^2$

$\quad = \dfrac{4x^3}{3} \div \left\{ \left(-\dfrac{2x}{5}\right) \times \left(-\dfrac{2x}{5}\right) \right\} = \dfrac{4x^3}{3} \div \dfrac{4x^2}{25}$

$\quad = \dfrac{4x^3}{3} \times \dfrac{25}{4x^2} = \dfrac{25}{3}x$

---

14 式の値 ①

❶ (1) -34　(2) 19

❷ (1) 17　(2) 3

❸ (1) 19　(2) -60　(3) 58　(4) 7　(5) 6

解き方 考え方

❶ (1) $4x - 7y = 4 \times (-5) - 7 \times 2$

$\quad = -20 - 14 = -34$

❸ (3) $x^2 + xy - 2 = (-6)^2 + (-6) \times (-4) - 2$

$\quad = 36 + 24 - 2 = 58$

(5) $16a^3 + 18b^2 = 16 \times \left(-\dfrac{1}{2}\right)^3 + 18 \times \left(\dfrac{2}{3}\right)^2$

$\quad = 16 \times \left(-\dfrac{1}{8}\right) + 18 \times \dfrac{4}{9} = -2 + 8 = 6$

---

15 式の値 ②

❶ (1) 7　(2) 15　(3) 1.7　(4) 0

❷ (1) -12　(2) -5　(3) -24　(4) $-\dfrac{16}{7}$

(5) -2

解き方 考え方

式の値を求めるとき，与えられた式に数を代入するより，式を簡単にしてから数を代入すると，計算しやすくなることが多い。

❶ (1) $2(3x - y) + 5(x + 2y)$

$\quad = 6x - 2y + 5x + 10y = 11x + 8y$

$\quad = 11 \times (-3) + 8 \times 5 = -33 + 40 = 7$

❷ (4) $6x^2y \div 7x = \dfrac{6x^2y}{7x} = \dfrac{6}{7}xy$

$\quad = \dfrac{6}{7} \times 4 \times \left(-\dfrac{2}{3}\right) = -\dfrac{16}{7}$

---

16 式の代入

❶ (1) $2x$　(2) $x + 3y$　(3) $x - 3y$　(4) $8x + 2y$

(5) $2y$　(6) $-14x - 6y$　(7) $5x + 3y$

(8) $-6x + 8y$

❷ (1) $-4x + 5y$　(2) $x + 11y$　(3) $x + 4y$

(4) $34x - 25y$

❶ (7)$4(A+B)-3B=4A+4B-3B$
$=4A+B=4(x+y)+(x-y)$
$=4x+4y+x-y$
$=5x+3y$

❷ (4)$3(A+5B)-(4A+3B)$
$=3A+15B-4A-3B=-A+12B$
$=-(2x+y)+12(3x-2y)$
$=-2x-y+36x-24y$
$=34x-25y$

18 　等式の変形 ②

❶ (1)$x=-\dfrac{2}{3}y+2$　　(2)$b=2a-3c$

(3)$y=\dfrac{7}{6}x-\dfrac{2}{3}$　　(4)$y=-3x+7$

❷ (1)$a=\dfrac{\ell}{2}-b$　　(2)$r=\dfrac{S}{2\pi h}$

(3)$h=\dfrac{S}{2\pi r}-r$　　(4)$a=3m-b-c$

(5)$a=-\dfrac{1}{4}b+\dfrac{5}{4}c$　　(6)$h=\dfrac{2S}{a+b}$

(7)$h=\dfrac{3V}{\pi r^2}$　　(8)$F=\dfrac{3}{5}C+10$

17 　等式の変形 ①

❶ (1)$x=-2y+3$　　(2)$b=\dfrac{3}{a}$

(3)$y=\dfrac{2}{3}x+\dfrac{1}{3}$　　(4)$x=-\dfrac{1}{2}y+\dfrac{3}{2}$

(5)$a=-\dfrac{3}{7}b+2$　　(6)$y=2x-3$

❷ (1)$a=\dfrac{1}{3}b-4$　　(2)$x=\dfrac{5}{4}y-\dfrac{3}{4}$

(3)$c=\dfrac{d}{5}-a-b$　　(4)$y=-\dfrac{1}{3}x+\dfrac{5}{3}$

解き方 考え方

❶ (1)$2x+4y=6$
$4y$ を移項すると，$2x=-4y+6$
両辺を 2 でわると，$x=-2y+3$
このように，等式を変形して，その中に
ある 1 つの文字について式で表すこと
を，その文字について解くという。
(3)$2x+1=3y$
左辺と右辺を入れかえて，$3y=2x+1$
両辺を 3 でわると，$y=\dfrac{2}{3}x+\dfrac{1}{3}$

❷ (3)$d=5(a+b+c)$
左辺と右辺を入れかえて，
$5(a+b+c)=d$
両辺を 5 でわると，$a+b+c=\dfrac{d}{5}$
a, b を移項して，$c=\dfrac{d}{5}-a-b$

解き方 考え方

❶ (1)$\dfrac{1}{2}x+\dfrac{1}{3}y=1$
両辺に 6 をかけて，$3x+2y=6$
$2y$ を移項して，$3x=-2y+6$
両辺を 3 でわると，$x=-\dfrac{2}{3}y+2$

(2)$c=\dfrac{2a-b}{3}$
左辺と右辺を入れかえて，両辺に 3 をか
けると，$2a-b=3c$
$2a$ を移項すると，$-b=-2a+3c$
両辺を -1 でわると，$b=2a-3c$

❷ (1)$\ell=2(a+b)$
左辺と右辺を入れかえて，両辺を 2 でわ
ると，$a+b=\dfrac{\ell}{2}$
b を移項して，$a=\dfrac{\ell}{2}-b$

(5)$c=\dfrac{4a+b}{5}$
左辺と右辺を入れかえて，両辺に 5 をか
けると，$4a+b=5c$
b を移項すると，$4a=-b+5c$
両辺を 4 でわると，$a=-\dfrac{1}{4}b+\dfrac{5}{4}c$

19 　まとめテスト ②

❶ (1)$-6xy$　　(2)$-4a$　　(3)$12xy$　　(4)$\dfrac{9}{4}$

(5)$-\dfrac{9}{2}a^2$　　(6)$-4a$　　(7)$8x$　　(8)x^2y

② (1)-14 (2)16
③ (1)$-8x+11y$

(2)$y=-\dfrac{3}{7}x+\dfrac{10}{7}$

(3)$x=\dfrac{5}{2}y+4$

解き方・考え方

① (7)$(4x)^2\div 4xy\times 2y=(4x)^2\times\dfrac{1}{4xy}\times 2y$

$=\dfrac{4x\times 4x\times 2y}{4xy}=8x$

(8)$(-xy)^2\times(-y)^2\div y^3$

$=(-xy)^2\times(-y)^2\times\dfrac{1}{y^3}$

$=\dfrac{(-xy)\times(-xy)\times(-y)\times(-y)}{y\times y\times y}=x^2y$

▶連立方程式

20 連立方程式とその解

① (1)$(x,\ y)=(1,\ 3),\ (2,\ 2),\ (3,\ 1)$
(2)$(x,\ y)=(1,\ 2),\ (3,\ 1)$
(3)$x=3,\ y=1$
② イ
③ イ
④ ウ

解き方・考え方

① (1)(2)方程式に，$x=1$，$x=2$，……と，xの値を順に代入して，yの値を求めていく。
(3)(1)と(2)の両方に共通な x，y の値の組を見つける。
② ア $3\times 4+3=15$ （×）

イ $\begin{cases}3\times 2+(-3)=3 & (○)\\ 2+2\times(-3)=-4 & (○)\end{cases}$

ウ $\begin{cases}3\times 3+(-6)=3 & (○)\\ 3+2\times(-6)=-9 & (×)\end{cases}$

③ ア $3-4=-1$ （×）

イ $\begin{cases}2\times 4-3\times 1=5 & (○)\\ 4=2\times 1+2 & (○)\end{cases}$

ウ $4+1=5$ （×）

21 加減法による解き方 ①

① (1)$x=5,\ y=-1$ (2)$x=-3,\ y=2$
(3)$x=7,\ y=4$ (4)$x=-2,\ y=\dfrac{3}{4}$
② (1)$x=-2,\ y=4$ (2)$x=5,\ y=3$
(3)$x=0,\ y=-4$ (4)$x=-4,\ y=1$
(5)$x=3,\ y=-3$ (6)$x=-1,\ y=1$

解き方・考え方

左辺どうし，右辺どうしをたすかひくかして，1つの文字を消去して解く方法を**加減法**という。

① (1)$\begin{cases}x+3y=2 & \cdots\cdots① \\ x-2y=7 & \cdots\cdots②\end{cases}$

①から②をひくと，

$\begin{array}{r}x+3y=2\\ -)\ \underline{x-2y=7}\\ 5y=-5\end{array}$

$y=-1$

$y=-1$ を①に代入すると，
$x+3\times(-1)=2\quad x=5$

(2)$\begin{cases}2x+y=-4 & \cdots\cdots① \\ x-y=-5 & \cdots\cdots②\end{cases}$

①と②をたすと，

$\begin{array}{r}2x+y=-4\\ +)\ \underline{x-y=-5}\\ 3x\quad\ \ =-9\end{array}$

$x=-3$

$x=-3$ を②に代入すると，
$-3-y=-5\quad y=2$

22 加減法による解き方 ②

① (1)$x=3,\ y=1$ (2)$x=6,\ y=5$
(3)$x=2,\ y=-3$ (4)$x=2,\ y=-1$
② (1)$x=-3,\ y=2$ (2)$x=-9,\ y=-1$
(3)$x=5,\ y=-2$ (4)$x=-2,\ y=-1$
(5)$x=-2,\ y=2$ (6)$x=-\dfrac{1}{10},\ y=\dfrac{3}{5}$

❶ (1) $\begin{cases} 3x+y=10 & \cdots\cdots① \\ 5x+2y=17 & \cdots\cdots② \end{cases}$

$①×2 \qquad 6x+2y=20$

$② \qquad \underline{-)\ 5x+2y=17}$

$\qquad\qquad\quad x \quad =3$

$x=3$ を①に代入すると,

$3×3+y=10 \quad y=1$

❷ (1) $\begin{cases} 2x+3y=0 & \cdots\cdots① \\ 4x+5y=-2 & \cdots\cdots② \end{cases}$

$①×2 \qquad 4x+6y=0$

$② \qquad \underline{-)\ 4x+5y=-2}$

$\qquad\qquad\qquad y=2$

$y=2$ を①に代入すると,

$2x+3×2=0 \quad 2x=-6 \quad x=-3$

---

23 加減法による解き方 ③

❶ (1) $x=2,\ y=1$　(2) $x=3,\ y=-2$
　(3) $x=2,\ y=-5$　(4) $x=3,\ y=-4$

❷ (1) $x=-2,\ y=-5$　(2) $x=-1,\ y=3$
　(3) $x=3,\ y=-2$　(4) $x=2,\ y=-1$
　(5) $x=-1,\ y=2$　(6) $x=2,\ y=3$

❶ (1) $\begin{cases} 3x+2y=8 & \cdots\cdots① \\ 4x+3y=11 & \cdots\cdots② \end{cases}$

$①×4 \qquad 12x+8y=32$

$②×3 \qquad \underline{-)\ 12x+9y=33}$

$\qquad\qquad\qquad -y=-1$

$\qquad\qquad\qquad\quad y=1$

$y=1$ を①に代入すると,

$3x+2×1=8 \quad 3x=6 \quad x=2$

(4) $\begin{cases} -2x+7y=-34 & \cdots\cdots① \\ 5x-3y=27 & \cdots\cdots② \end{cases}$

$①×5 \qquad -10x+35y=-170$

$②×2 \qquad \underline{+)\ \ \ 10x-\ 6y=54}$

$\qquad\qquad\qquad 29y=-116$

$\qquad\qquad\qquad\ \ y=-4$

$y=-4$ を②に代入すると,

$5x-3×(-4)=27 \quad 5x=15 \quad x=3$

---

24 代入法による解き方 ①

❶ (1) $x=4,\ y=-1$　(2) $x=9,\ y=3$
　(3) $x=2,\ y=-16$
　(4) $x=-9,\ y=-1$

❷ (1) $x=7,\ y=3$　(2) $x=-\dfrac{1}{4},\ y=1$
　(3) $x=5,\ y=1$　(4) $x=3,\ y=3$
　(5) $x=4,\ y=-4$　(6) $x=-2,\ y=-4$

代入によって1つの文字を消去する方法を代入法という。

❶ (1) $\begin{cases} x=-4y & \cdots\cdots① \\ 3x+2y=10 & \cdots\cdots② \end{cases}$

①を②に代入すると,

$3×(-4y)+2y=10 \quad -12y+2y=10$

$-10y=10 \quad y=-1$

$y=-1$ を①に代入すると,

$x=-4×(-1)=4$

❷ (3) $\begin{cases} x+2y=7 & \cdots\cdots① \\ 2x-3y=7 & \cdots\cdots② \end{cases}$

①より, $x=-2y+7 \cdots\cdots③$

③を②に代入すると,

$2(-2y+7)-3y=7 \quad -4y+14-3y=7$

$-7y=-7 \quad y=1$

$y=1$ を③に代入すると,

$x=-2×1+7=5$

---

25 代入法による解き方 ②

❶ (1) $x=-5,\ y=-2$　(2) $x=-3,\ y=1$
　(3) $x=\dfrac{4}{5},\ y=3$　(4) $x=-2,\ y=\dfrac{21}{8}$

❷ (1) $x=-6,\ y=-13$　(2) $x=\dfrac{1}{2},\ y=2$
　(3) $x=-4,\ y=12$　(4) $x=3,\ y=-4$
　(5) $x=\dfrac{7}{4},\ y=\dfrac{13}{8}$　(6) $x=\dfrac{44}{5},\ y=\dfrac{82}{5}$

❶ (1) $\begin{cases} 2x+3y=-16 & \cdots\cdots① \\ 2x=5y & \cdots\cdots② \end{cases}$

②を①に代入すると，

$5y+3y=-16$　$8y=-16$　$y=-2$

$y=-2$ を②に代入すると，

$2x=5\times(-2)=-10$　$x=-5$

上のように，①，②の x の項が同じであることに目をつけると，②を①にそのまま代入して，x を消去することができる。

❷ (3) $\begin{cases} 2(x+y)+x=12 \quad\cdots\cdots① \\ x+y=8 \qquad\qquad\cdots\cdots② \end{cases}$

②を①に代入すると，

$2\times8+x=12$　$16+x=12$　$x=-4$

$x=-4$ を②に代入すると，

$(-4)+y=8$　$y=12$

---

❶ (1)$x=4$, $y=-1$　(2)$x=-\dfrac{1}{2}$, $y=\dfrac{2}{3}$

　　(3)$x=3$, $y=1$　(4)$x=1$, $y=1$

❷ (1)$x=5$, $y=-3$　(2)$x=-2$, $y=7$

　　(3)$x=7$, $y=-2$　(4)$x=3$, $y=-1$

解き方 考え方

（　）をはずして整理してから解くとよい。

❶ (1) $\begin{cases} 2x+7y=1 \\ -2x+3y=-11 \end{cases}$ (2) $\begin{cases} 2x-6y=-5 \\ 4x+3y=0 \end{cases}$

　　(3) $\begin{cases} -x-3y=-6 \\ 3x+2y=11 \end{cases}$ (4) $\begin{cases} 4x+3y=7 \\ 7x-y=6 \end{cases}$

❷ (1) $\begin{cases} 3x-2y=21 \\ x-y=8 \end{cases}$ (2) $\begin{cases} 6x+4y=16 \\ -5x-3y=-11 \end{cases}$

　　(3) $\begin{cases} 3x-y=23 \\ -3x-15y=9 \end{cases}$ (4) $\begin{cases} 7x+24y=-3 \\ 9x+16y=11 \end{cases}$

---

❶ (1)$x=2$, $y=-2$　(2)$x=3$, $y=4$

　　(3)$x=2$, $y=-3$　(4)$x=-5$, $y=\dfrac{5}{4}$

❷ (1)$x=15$, $y=6$　(2)$x=2$, $y=-3$

　　(3)$x=300$, $y=250$　(4)$x=8$, $y=6$

解き方 考え方

係数が整数になるように方程式を変形してから解くとよい。

❶ (1) $\begin{cases} 2x-y=6 \\ 2x+3y=-2 \end{cases}$ (2) $\begin{cases} x-3y=-9 \\ 4x+3y=24 \end{cases}$

　　(3) $\begin{cases} 2x+3y=-5 \\ 3x-4y=18 \end{cases}$ (4) $\begin{cases} 15x-4y=-80 \\ 3x+8y=-5 \end{cases}$

❷ (1) $\begin{cases} 2x-3y=12 \\ 4y-(x-1)=10 \end{cases} \rightarrow \begin{cases} 2x-3y=12 \\ -x+4y=9 \end{cases}$

　　(2) $\begin{cases} 2x-y=7 \\ 5x+2(y-7)=-10 \end{cases} \rightarrow \begin{cases} 2x-y=7 \\ 5x+2y=4 \end{cases}$

　　(3) $\begin{cases} 5x+4y=2500 \\ x+y=550 \end{cases}$ (4) $\begin{cases} 3x+2y=36 \\ 4x-5y=2 \end{cases}$

---

❶ (1)$x=4$, $y=5$　(2)$x=-1$, $y=3$

　　(3)$x=2$, $y=-2$　(4)$x=-7$, $y=-5$

❷ (1)$x=1$, $y=-1$　(2)$x=-3$, $y=2$

　　(3)$x=-2$, $y=6$　(4)$x=4$, $y=3$

解き方 考え方

❶ (1) $\begin{cases} 5x+4y=40 \\ 2x-y=3 \end{cases}$ (2) $\begin{cases} 3x-4y=-15 \\ 3x+2y=3 \end{cases}$

　　(3) $\begin{cases} 4x+5y=-2 \\ 2x-3y=10 \end{cases}$ (4) $\begin{cases} 4x+9y=-73 \\ 7x-8y=-9 \end{cases}$

❷ (1) $\begin{cases} 5x-y=6 \\ x+2y=-1 \end{cases}$ (2) $\begin{cases} 2x+5y=4 \\ 10x+5y=-20 \end{cases}$

　　(3) $\begin{cases} 3x-2y=-18 \\ 5x+4y=14 \end{cases}$ (4) $\begin{cases} x+12y=40 \\ 3x-y=9 \end{cases}$

---

❶ (1)$x=0$, $y=-3$　(2)$x=3$, $y=-4$

　　(3)$x=3$, $y=-5$　(4)$x=-2$, $y=3$

❷ (1)$x=-\dfrac{3}{2}$, $y=2$　(2)$x=3$, $y=-1$

　　(3)$x=3$, $y=4$

解き方考え方

$A=B=C$ の形の方程式は，

$$\begin{cases} A=B \\ A=C \end{cases} \quad \begin{cases} A=B \\ B=C \end{cases} \quad \begin{cases} A=C \\ B=C \end{cases}$$

のどれかの形に書きなおして解く。

❶ (4) $\begin{cases} 4x-y=-11 \\ -x+3y-22=-11 \end{cases}$

整理して，$\begin{cases} 4x-y=-11 \\ -x+3y=11 \end{cases}$ として解く。

❷ (1) $\begin{cases} x+2y-3=-x-3y+4 \\ 3x+y+2=-x-3y+4 \end{cases}$

整理して，$\begin{cases} 2x+5y=7 \\ 4x+4y=2 \end{cases}$ として解く。

①×10 より，
$-2x+22=y-3 \quad 2x+y=25 \cdots$③

③×3　　　　$6x+3y=75$
②　　　+) $5x-3y=2$
　　　　　$11x=77$
　　　　　　$x=7$

$x=7$ を②に代入すると，
$5\times7-3y=2 \quad -3y=-33 \quad y=11$

(2) $\begin{cases} 7x-2y=-26 \\ 8x+9y=-120 \end{cases}$ と方程式を変形する。

(3) $\begin{cases} 2x+y-3=x-2y+4 \\ 4x+3y-5=x-2y+4 \end{cases}$

整理して，$\begin{cases} x+3y=7 \\ 3x+5y=9 \end{cases}$ として解く。

30　まとめテスト ③

❶ (1) $x=4,\ y=2$　(2) $x=8,\ y=3$
　(3) $x=-4,\ y=3$　(4) $x=3,\ y=-2$

❷ (1) $x=7,\ y=11$　(2) $x=-6,\ y=-8$
　(3) $x=-2,\ y=3$

解き方考え方

❶ (1) $\begin{cases} 3x+4y=20 \cdots① \\ 5x-3y=14 \cdots② \end{cases}$

①×3　　　　$9x+12y=60$
②×4　+) $20x-12y=56$
　　　　　$29x=116$
　　　　　　$x=4$

$x=4$ を①に代入すると，
$12+4y=20 \quad 4y=8 \quad y=2$

(2) $\begin{cases} 4x-3y=23 \cdots① \\ x=5y-7 \cdots② \end{cases}$

②を①に代入すると，
$4(5y-7)-3y=23 \quad 20y-28-3y=23$
$17y=51 \quad y=3$
$y=3$ を②に代入すると，
$x=5\times3-7=8$

❷ (1) $\begin{cases} \dfrac{-x+11}{5}=\dfrac{y-3}{10} \cdots① \\ 5x-3y=2 \cdots② \end{cases}$

▶1次関数

31　1次関数

❶ ア，ウ，オ

❷ (1) $y=\dfrac{72}{x}$，×　(2) $y=4x$，○

　(3) $y=\pi x^2$，×　(4) $y=4x$，○

　(5) $y=8x+40$，○

解き方考え方

❶ 式を整理すると $y=ax+b$ の形になる
　ものを選ぶ。式を整理すると，
　ウは $y=-3x-1$，**オ**は $y=3x$，**カ**は
　$y=-\dfrac{2}{x}$ となる。**オ**のように比例の式の
　形をしたものは，b の値が 0 の1次関数
　である。

❷ (1) y が x に反比例する関係である。

32　1次関数の値の変化

❶ (1) 3　(2) 3　(3) 3　(4) 3

❷ (1) -4　(2) $\dfrac{1}{2}$　(3) 4　(4) $-\dfrac{3}{4}$

❸ (1) 20　(2) $-\dfrac{8}{3}$　(3) -28　(4) 10

解答

-69-

解き方 考え方

❶ (1) $x=1$ のとき，$y=3\times1-5=-2$

$x=3$ のとき，$y=3\times3-5=4$

であるから，$\dfrac{4-(-2)}{3-1}=\dfrac{6}{2}=3$

❷ 1次関数 $y=ax+b$ の変化の割合は一定

で，x の係数 a に等しい。

(3) $4x-y=1$ を y について解くと，

$y=4x-1$ となるから，変化の割合は 4

❸ y の増加量 = 変化の割合 $\times$ x の増加量

になる。

(1) $5\times4=20$

(4) $5x-2y=1$ を y について解くと，

$y=\dfrac{5}{2}x-\dfrac{1}{2}$ となるから，

変化の割合は $\dfrac{5}{2}$　よって，$\dfrac{5}{2}\times4=10$

33　1次関数の式

❶ (1) $y=3x+13$　(2) $y=-\dfrac{3}{4}x-\dfrac{9}{2}$

❷ (1) $y=\dfrac{2}{3}x-\dfrac{22}{3}$　(2) $y=-\dfrac{2}{5}x+3$

❸ (1) $y=\dfrac{3}{5}x+6$　(2) $y=-5x+2$

(3) $y=4x-3$

解き方 考え方

❶ (1) 変化の割合が 3 だから，$y=3x+b$ と

おける。

この式に $x=-2$，$y=7$ を代入して b の

値を求めると，$b=13$

よって，$y=3x+13$

❷ (1) 求める1次関数の式を $y=ax+b$ とする。

$x=5$ のとき $y=-4$ だから，

$-4=5a+b$ ……①

$x=-4$ のとき $y=-10$ だから，

$-10=-4a+b$ ……②

①，②を連立方程式として解くと，

$a=\dfrac{2}{3}$，$b=-\dfrac{22}{3}$

よって，$y=\dfrac{2}{3}x-\dfrac{22}{3}$

別解 変化の割合は

$\dfrac{-10-(-4)}{-4-5}=\dfrac{-6}{-9}=\dfrac{2}{3}$ だから，

$y=\dfrac{2}{3}x+b$ とおける。

この式に $x=5$，$y=-4$ を代入すると，

$-4=\dfrac{2}{3}\times5+b$　$b=-\dfrac{22}{3}$

よって，$y=\dfrac{2}{3}x-\dfrac{22}{3}$

❸ (2) 変化の割合は $\dfrac{-15}{3}=-5$ だから，

$y=-5x+b$ とおける。

この式に $x=-3$，$y=17$ を代入すると，

$17=-5\times(-3)+b$　$b=2$

よって，$y=-5x+2$

34　直線の式 ①

❶ (1) $y=3x-2$　(2) $y=-\dfrac{2}{3}x+9$

(3) $y=3x-5$

❷ (1) $y=-\dfrac{1}{2}x+6$　(2) $y=4x-7$

(3) $y=3$　(4) $y=-\dfrac{3}{5}x+3$

解き方 考え方

❶ (1) 求める直線の式を $y=ax+b$ とする。

$a=3$，$b=-2$ だから，$y=3x-2$

❷ (2) 求める直線の式を $y=ax+b$ とする。

点 $(-2，-15)$ を通るから，

$-15=-2a+b$ ……①

点 $(3，5)$ を通るから，

$5=3a+b$ ……②

①，②を連立方程式として解くと，

$a=4$，$b=-7$

よって，$y=4x-7$

別解 直線の傾きは

$\dfrac{5-(-15)}{3-(-2)}=\dfrac{20}{5}=4$ だから，$y=4x+b$ に

$x=3$，$y=5$ を代入して b の値を求める。

(3) 2点の y 座標はどちらも 3 であるから，

この直線上の点の y 座標はどれも 3

35 直線の式 ②

❶ (1) $y=3x+5$ (2) $y=-\dfrac{3}{5}x-3$

     (3) $y=-\dfrac{5}{2}x+\dfrac{4}{3}$

❷ (1) $y=-\dfrac{2}{3}x+5$ $(2x+3y=15)$

     (2) $y=\dfrac{3}{8}x-\dfrac{7}{8}$ $(3x-8y=7)$

     (3) $y=\dfrac{1}{7}x+6$ $(-x+7y=42)$

     (4) $x=-2$

解き方 考え方

❶ (1) 直線 $y=3x$ に平行だから，傾きは 3
式を $y=3x+b$ とする。
点 $(2,\ 11)$ を通るから，$11=3\times2+b$
これを解くと，$b=5$
よって，$y=3x+5$

(3) 直線 $y=-\dfrac{5}{2}x-\dfrac{2}{3}$ に平行だから，傾

きは $-\dfrac{5}{2}$，切片は $-\dfrac{2}{3}+2=\dfrac{4}{3}$

❷ (1) $2x+3y=-12$ を y について解くと，

$y=-\dfrac{2}{3}x-4$ だから傾きは $-\dfrac{2}{3}$

求める直線の式を $y=-\dfrac{2}{3}x+b$ とする。

点 $(3,\ 3)$ を通るから，

$3=-\dfrac{2}{3}\times3+b$　$b=5$

よって，$y=-\dfrac{2}{3}x+5$

別解 直線 $2x+3y=-12$ と傾きが同じ直
線の式は $2x+3y=c$ と表せる。点 $(3,3)$
を通るから，
$c=2\times3+3\times3=15$
よって，$2x+3y=15$

36 直線の交点

❶ (1) $\left(\dfrac{20}{11},\ \dfrac{21}{11}\right)$ (2) $\left(-\dfrac{15}{4},\ -\dfrac{7}{4}\right)$

❷ (1) P(2,3)，Q$\left(-\dfrac{54}{13},\ -\dfrac{21}{13}\right)$，R$\left(2,\ -\dfrac{11}{3}\right)$

---

(2) P$\left(\dfrac{16}{11},\ \dfrac{29}{11}\right)$，Q$\left(-\dfrac{5}{2},\ 0\right)$，R$\left(\dfrac{7}{3},\ 0\right)$

❸ (1) $y=-\dfrac{1}{2}x+3$ (2) $y=-3x-5$

解き方 考え方

❶ (1) 直線 ℓ の式は，$y=\dfrac{1}{2}x+1$ ……①

直線 m の式は，$y=-\dfrac{3}{5}x+3$ ……②

①，②を連立方程式として解くと，

$x=\dfrac{20}{11}$，$y=\dfrac{21}{11}$

よって，交点 P の座標は，$\left(\dfrac{20}{11},\ \dfrac{21}{11}\right)$

(2) 直線 ℓ の式は，$y=x+2$

直線 m の式は，$y=\dfrac{1}{5}x-1$

❷ (1) 直線 ℓ の式は，$x=2$

直線 m の式は，$y=\dfrac{3}{4}x+\dfrac{3}{2}$

直線 n の式は，$y=-\dfrac{1}{3}x-3$

(2) 直線 ℓ の式は，$y=\dfrac{2}{3}x+\dfrac{5}{3}$

$y=0$ のとき，$0=\dfrac{2}{3}x+\dfrac{5}{3}$ より，$x=-\dfrac{5}{2}$

よって，Q の座標は，$\left(-\dfrac{5}{2},\ 0\right)$

直線 m の式は，$y=-3x+7$

❸ (1) 与えられた 2 直線の交点の座標は，
$(-2,\ 4)$。これと $(2,\ 2)$ を通る直線の式
を求める。
(2) 与えられた 2 直線の交点の座標 $(-2,\ 1)$
を通り，切片が -5 である直線の式を求
める。

37 まとめテスト ④

❶ (1) -2 (2) 傾き -2，切片 -5

❷ (1) $y=-4x+8$ (2) $y=\dfrac{2}{3}x+\dfrac{8}{3}$

     (3) $y=\dfrac{4}{5}x-11$ $\left(4x-5y=55\right)$

❸ $\left(-1,\ \dfrac{3}{2}\right)$

❸ 直線 ℓ の式は，$y=\dfrac{1}{2}x+2$

直線 m の式は，$y=-\dfrac{1}{2}x+1$

▶図形の角

38 平行線と角 ①

❶ (1)$110°$ (2)$\angle e$，$\angle f$
(3)$100°$ (4)$\angle c$，$\angle d$
❷ (1)$\angle x=70°$，$\angle y=110°$
(2)$\angle x=75°$，$\angle y=100°$

解き方 考え方

❶ (1)$\angle a$ は $110°$ の角の錯角。
(2)$\angle a$ と $\angle e$ は同位角，$\angle e$ と $\angle f$ は錯角である。
(3)$\angle b$ は $100°$ の角の同位角。
(4)$\angle b$ と $\angle c$ は対頂角，$\angle c$ と $\angle d$ は同位角である。
❷ (1)$\angle y=180°-70°=110°$

39 平行線と角 ②

❶ (1)$60°$ (2)$120°$ (3)$71°$ (4)$55°$
❷ (1)$105°$ (2)$40°$

解き方 考え方

❶ (3)平行線の錯角は等しいことから，
$\angle x=180°-33°-76°=71°$
(4)平行線の同位角は等しいことから，
$\angle x=180°-78°-47°=55°$
❷ (1)$\angle x=180°-25°-50°=105°$
(2)$\angle x=60°-20°=40°$

40 平行線と角 ③

❶ (1)$79°$ (2)$103°$ (3)$29°$ (4)$136°$
❷ (1)$38°$ (2)$56°$

解き方 考え方

❶ (1)右の図のように，ℓ，mに平行な直線をひく。平行線の錯角は等しいから，
$\angle x=47°+32°=79°$
(3)右の図のように，ℓ，m に平行な直線をひく。平行線の同位角，錯角は等しいから，
$\angle x=67°-38°=29°$
(4)右の図で，
$\angle a=79°-35°=44°$
よって，
$\angle x=180°-44°=136°$
❷ (1)右の図のように，ℓ，mに平行な直線をひく。
$\angle x=40°-21°+19°=38°$
(2)$\angle x=48°-22°+30°$
$=56°$

41 多角形の角 ①

❶ (1)$65°$ (2)$38°$
❷ (1)$58°$ (2)$55°$ (3)$100°$ (4)$32°$

解き方 考え方

❶ 三角形の内角の和は $180°$ である。
(1)$\angle x=180°-50°-65°=65°$
(2)$\angle x=180°-90°-52°=38°$
❷ 三角形の外角は，それととなり合わない 2 つの内角の和に等しい。
(1)$\angle x=100°-42°=58°$
(2)$\angle x=31°+24°=55°$
(3)$180°-150°=30°$
$\angle x=30°+70°=100°$
(4)$30°+50°=80°$
$\angle x=80°-48°=32°$

42 多角形の角 ②

❶ (1) $135°$ (2) 十四角形
❷ (1) $88°$ (2) $108°$ (3) $81°$ (4) $51°$

解き方 考え方

n 角形は，対角線で $(n-2)$ 個の三角形に分けることができる。よって，n 角形の内角の和は，$180° × (n-2)$ で求められる。

❶ (1) $180° × (8-2) = 1080°$
$1080° ÷ 8 = 135°$
(2) $180° × (n-2) = 2160°$ $n = 14$

❷ (1) $180° - 108° = 72°$
$∠x = 360° - 80° - 120° - 72° = 88°$
(2) $180° - 77° = 103°$
$180° × (5-2) = 540°$
$∠x = 540° - 90° - 115° - 103° - 124° = 108°$
(3) $180° × (5-2) = 540°$
$540° - 110° - 115° - 100° - 116° = 99°$
$∠x = 180° - 99° = 81°$
(4) $180° - 82° = 98°$
$180° × (6-2) = 720°$
$720° - 98° - 126° - 125° - 117° - 125° = 129°$
$∠x = 180° - 129° = 51°$

43 多角形の角 ③

❶ (1) $40°$ (2) 正十五角形
❷ (1) $119°$ (2) $64°$ (3) $108°$ (4) $104°$

解き方 考え方

多角形の外角の和は $360°$ である。

❶ (1) $360° ÷ 9 = 40°$
(2) $360° ÷ 24° = 15$

❷ (1) $∠x = 360° - 110° - 70° - 61° = 119°$
(2) $∠x = 360° - 78° - 77° - 85° - 56° = 64°$
(3) $360° - 84° - 134° - 70° = 72°$
$∠x = 180° - 72° = 108°$
(4) $180° - 97° = 83°$
$360° - 75° - 49° - 83° - 47° - 30° = 76°$
$∠x = 180° - 76° = 104°$

44 まとめテスト ⑤

❶ (1) $115°$ (2) $49°$
❷ (1) $122°$ (2) $17°$ (3) $147°$ (4) $80°$

解き方 考え方

❶ (1) $∠x = 180° - 27° - 38° = 115°$
(2) $∠x = 83° - 34° = 49°$

❷ (1) $∠x = 32° + 90° = 122°$
(2) $52° + 34° = 86°$
$∠x = 86° - 69° = 17°$
(3) $180° × (5-2) = 540°$
$∠x = 540° - 85° - 120° - 108° - 80° = 147°$
(4) $180° - 64° = 116°$
よって，$∠x$ の外角の大きさは，
$360° - 64° - 80° - 116° = 100°$
$∠x = 180° - 100° = 80°$

45 いろいろな図形の角 ①

❶ (1) $40°$ (2) $116°$
❷ (1) $37°$ (2) $135°$ (3) $63°$ (4) $19°$

解き方 考え方

❶ (1) 右の図で，色のついた三角形の外角 $∠a$ に着目する。

$∠a = 180° - 32° - 72°$
$= 76°$
$∠x = ∠a - 36° = 76° - 36° = 40°$
(2) $47° + 23° = 70°$
$∠x = 70° + 46° = 116°$

❷ (1) $32° + 51° = 83°$
$∠x = 120° - 83° = 37°$
(2) $80° + 30° = 110°$
$∠x = 110° + 25° = 135°$
(3) $∠x + 18° + 46° = 127°$ となるから，
$∠x = 127° - 18° - 46° = 63°$
(4) $360° - 78° - 92° - 59° = 131°$
$∠x = 180° - 30° - 131° = 19°$

❶ (1) $87°$ (2) $74°$ (3) $144°$ (4) $38°$

❷ (1) $102°$ (2) $55°$

解き方考え方

❶ (1)・1つ分の大きさは,

$(180°-48°-54°)÷2=39°$

$∠x=48°+39°=87°$

(2)・1つ分と×1つ分を合わせた大きさは,

$180°-127°=53°$

$∠x=180°-53°×2=74°$

(3) $180°-108°=72°$

$∠x=180°-72°÷2=144°$

(4)右の図で,

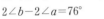

$76°+2∠a=2∠b$ より,

$2∠b-2∠a=76°$

$∠b-∠a=38°$

また,$∠x+∠a=∠b$ より,

$∠x=∠b-∠a=38°$

❷ (1) $360°-126°-78°=156°$

$156°÷2=78°$

$∠x=180°-78°=102°$

(2) $180°-70°=110°$

多角形の外角の和は $360°$ だから,・2つ分と×2つ分と $110°$ を合わせた大きさは,$360°$ である。

・1つ分と×1つ分を合わせた大きさは,

$(360°-110°)÷2=125°$

よって,$∠x=180°-125°=55°$

❶ (1) $∠x=60°$,$∠y=30°$

(2) $∠x=70°$,$∠y=110°$

(3) $∠x=40°$,$∠y=110°$

❷ $∠x=140°$,$∠y=40°$

解き方考え方

❶ (1) $∠x=(180°-60°)÷2=60°$

$∠y=180°-90°-60°=30°$

(2) $∠x=(180°-40°)÷2=70°$

$∠y=180°-70°=110°$

(3) $∠x=180°-70°×2=40°$

$∠y=180°-70°=110°$

❷ 右の図で,平行線の錯角(さっかく)は等しいので,

$∠b=65°$

また,色のついた四角形で,

$∠a=(180°-∠b)-∠b$

$=(180°-65°)-65°=50°$

よって,

$∠x=∠a+90°=50°+90°=140°$

また,$∠c=180°-65°-45°=70°$

よって,$∠y=180°-70°×2=40°$

❶ (1) $47°$ (2) $31°$

❷ $360°$

❸ (1) $180°$ (2) $180°$

解き方考え方

❶ (1)右の図で,

$∠a+∠b=15°+36°$

$=51°$

$∠x=180°-42°-40°-51°$

$=47°$

(2)右の図で,

$∠a=180°-45°-25°-37°$

$=73°$

色のついた三角形に着目すると,

$∠x=∠a-42°=73°-42°=31°$

❷ 右の図のように,印をつけた4つの角の大きさの和は,2つの三角形の内角の和となる。

よって,$180°×2=360°$

❸ (2)右の図の ∠a と ∠b の
和は•と×の和に等しい
から，5つの角の大きさ
の和は，△ABC の内角
の和となる。

❶ (1)49° (2)26°
❷ (1)46° (2)69° (3)81° (4)24°

解き方**考**え方

❶ (1) ∠x=(180°−82°)÷2=49°
(2) ∠x=180°−77°×2=26°
❷ (1)180°−113°=67°
∠x=180°−67°×2=46°
(2) ∠x=138°÷2=69°
(3)(180°−48°)÷2=66°
66°÷2=33°
∠x=48°+33°=81°
(4)39°×2=78°
∠x=180°−78°×2=24°

❶ (1)49° (2)110° (3)54° (4)34°
❷ (1)53° (2)78°

解き方**考**え方

平行四辺形のとなり合う角の和は 180° であ
る。
❶ (1) ∠x=180°−131°=49°
(2) ∠x=180°−30°−40°=110°
(3)105°−51°=54°
平行線の錯角は等しいから，∠x=54°
(4)68°÷2=34°
平行線の錯角は等しいか
ら，∠x=34°

❷ (1)180°−26°−117°=37°
∠x=90°−37°=53°

(2)51°×2=102°
∠x=180°−102°=78°

❶ (1)55° (2)115°
❷ (1)92° (2)24°
❸ (1)52° (2)54°

解き方**考**え方

❶ 図に補助線をひいて考える。
(1)180°−130°=50°
35°+50°=85°
∠x=180°−85°−40°
=55°

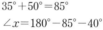

(2)360°−84°−122°−55°
=99°
180°−99°=81°
∠x=81°+34°=115°

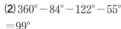

❷ (1)360°−68°−109°−75°=108°
∠x=360°−84°−108°−76°=92°
(2)32°+30°=62°
49°+45°=94°
∠x=180°−62°−94°=24°
❸ (1)32°×2=64°
∠x=180°−64°×2=52°
(2)•1つ分の大きさは，
(180°−99°)÷3=27°
∠x=27°×2=54°

▶データの活用

❶ (1)A 班…5 点，B 班…6 点
(2)A 班…4.5 点，B 班…6 点
(3)A 班…3 点，B 班…4 点
(4)A 班…8 点，B 班…8 点
(5)A 班…5 点，B 班…4 点

(6)

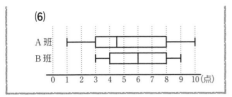

❶ (1) A 班…(4+1+6+3+8+5+1+8+4
     +10)÷10＝50÷10＝5(点)
 B 班…(5+9+3+7+4+7+5+3+8+9
     +6)÷11＝66÷11＝6(点)

(2)データを得点の低い方から順に並べる。

| A 班 | 1 | 1 | 3 | 4 | 5 | 6 | 8 | 8 | 10 | |
| B 班 | 3 | 3 | 4 | 5 | 5 | 6 | 7 | 7 | 8 | 9 | 9 |

A 班…5 番目と 6 番目の平均で，

$$\frac{4+5}{2}=4.5(点)$$

B 班…6 番目のデータで，6 点

(3)(4) データを小さい順に並べたとき，下位のデータの中央値を**第 1 四分位数**といい，上位のデータの中央値を**第 3 四分位数**という。

A 班…　下位のデータ　　　　上位のデータ
   1　1　③　4　4　｜　5　6　⑧　8　10
    第 1 四分位数　　　　第 3 四分位数

B 班…　下位のデータ　　　　上位のデータ
   3　3　④　5　5　6　｜　7　7　⑧　9　9
    第 1 四分位数　　　　第 3 四分位数

(5)四分位範囲は，第 3 四分位数から第 1 四分位数をひいた値である。

A 班…8−3＝5(点)
B 班…8−4＝4(点)

(6) 箱ひげ図は，最小値，第 1 四分位数，中央値，第 3 四分位数，最大値の 5 つの数値を用いて表す。

また，次のように平均値を＋印で記入することもある。

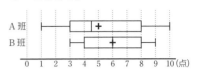

❶ (1)

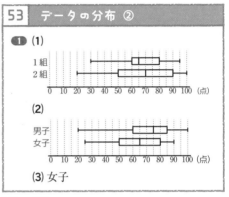

(2)

(3) 女子

❶ (1)2 組について，データを小さい順に並べると，

| 20 | 25 | 30 | 40 | 50 | 55 | 60 | 65 | 65 |
| 75 | 75 | 75 | 80 | 90 | 90 | 90 | 95 | 100 |

最小値は 20 点，最大値は 100 点。
中央値は 9 番目と 10 番目のデータの平均だから，(65+75)÷2＝70(点)
第 1 四分位数は下位のデータの中央値で 50 点。
第 3 四分位数は上位のデータの中央値で 90 点。

(2)女子について，データを小さい順に並べると，

| 25 | 30 | 40 | 50 | 50 | 55 | 60 | 65 | 65 |
| 65 | 70 | 70 | 75 | 85 | 85 | 90 | 90 | |

最小値は 25 点，最大値は 90 点。
中央値は 65 点。
第 1 四分位数は 4 番目と 5 番目のデータの平均だから，(50+50)÷2＝50(点)
第 3 四分位数は 13 番目と 14 番目のデー

タの平均だから，$(75+85)\div 2=80$(点)

(3)男子の四分位範囲は $85-60=25$(点)，
女子の四分位範囲は $80-50=30$(点) であ
るから，女子の方が四分位範囲は大きい。

54　確　率　①

❶ (1)① 0.492　② 0.506　(2) 0.497

(3) $\dfrac{1}{2}$

❷ (1) $\dfrac{2}{5}$　(2) $\dfrac{3}{5}$

❸ (1) $\dfrac{1}{4}$　(2) $\dfrac{2}{13}$

解き方考え方

❶ (1)① $295\div 600=0.4916\cdots$　より，0.492
(3)表裏の出方は全部で 2 通り。そのうち
表の出方は 1 通りであるから，求める確
率は，$\dfrac{1}{2}$

❷ (1) くじのひき方は全部で 50 通り。その
うち当たりくじのひき方は 20 通りある
から，求める確率は，$\dfrac{20}{50}=\dfrac{2}{5}$
(2)当たりをひかない確率
＝1−当たりをひく確率 だから，求める
確率は，$1-\dfrac{2}{5}=\dfrac{3}{5}$

55　確　率　②

❶ (1) $\dfrac{1}{6}$　(2) $\dfrac{5}{6}$　(3) $\dfrac{2}{3}$　(4) $\dfrac{1}{3}$

❷ (1) $\dfrac{3}{10}$　(2) $\dfrac{1}{2}$

❸ (1) $\dfrac{1}{5}$　(2) $\dfrac{7}{10}$　(3) $\dfrac{9}{10}$　(4) $\dfrac{9}{10}$

解き方考え方

❶ 目の出方は全部で 6 通り。
(2)5 の目が出る確率は $\dfrac{1}{6}$
よって，5 の目が出ない確率は，
$1-\dfrac{1}{6}=\dfrac{5}{6}$

---

(3)4 以下の目は，1，2，3，4 の 4 通り
あるから，求める確率は，$\dfrac{4}{6}=\dfrac{2}{3}$

(4)3 の倍数の目は，3，6 の 2 通りある。

❷ カードのひき方は全部で 20 通り。
(1)そのうち，3 の倍数のカードは，3，6，
9，12，15，18 の 6 通りあるから，求め
る確率は，$\dfrac{6}{20}=\dfrac{3}{10}$

(2)3 の倍数は 6 通り，4 の倍数は 5 通り，
12 の倍数 (3 の倍数でも 4 の倍数でもあ
る数) は 1 通りあるので，3 の倍数また
は 4 の倍数は，$6+5-1=10$(通り)
よって，求める確率は，$\dfrac{10}{20}=\dfrac{1}{2}$

❸ 玉の取り出し方は，全部で
$1+2+3+4=10$(通り)。
(1)そのうち，青玉の取り出し方は 2 通り
なので，求める確率は，$\dfrac{2}{10}=\dfrac{1}{5}$
(2)白玉または黒玉の取り出し方は
$3+4=7$(通り) あるので，
求める確率は，$\dfrac{7}{10}$

(3)赤玉を取り出す確率は $\dfrac{1}{10}$ なので，取
り出さない確率は，$1-\dfrac{1}{10}=\dfrac{9}{10}$

(4) 青玉，白玉，黒玉のいずれかを取り
出すことは，赤玉を取り出さないことと
同じなので，その確率は $\dfrac{9}{10}$

56　いろいろな確率 ①

❶ (1) $\dfrac{3}{8}$　(2) $\dfrac{1}{2}$

❷ (1) $\dfrac{1}{6}$　(2) $\dfrac{5}{36}$　(3) $\dfrac{5}{12}$

❸ (1) $\dfrac{1}{9}$　(2) $\dfrac{1}{3}$

解き方考え方

❶ 表と裏の出方は次の樹形図のようになる。

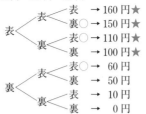

100円　50円　10円

表 ─ 表 ─ 表 → 160円★
　　　　　└ 裏○ → 150円★
　　　└ 裏 ─ 表○ → 110円★
　　　　　└ 裏 → 100円★
裏 ─ 表 ─ 表○ → 60円
　　　　　└ 裏 → 50円
　　　└ 裏 ─ 表 → 10円
　　　　　└ 裏 → 0円

(1)この8通りのうち，1枚だけ裏が出る

のは○のついた3通りなので，$\dfrac{3}{8}$

(2)100円以上になるのは★のついた4通

りなので，求める確率は，$\dfrac{4}{8}=\dfrac{1}{2}$

❷ 大小2つのさい

ころの出た目の

数の和を表にま

とめると，右の

ようになる。

(2)出た目の数の

和が6になるの

は，○のついた

5通りである。

大＼小	1	2	3	4	5	6
1	2	3	4	5	⑥	7
2	3	4	5	⑥	7	8
3	4	5	⑥	7	8	9
4	5	⑥	7	8	9	10
5	⑥	7	8	9	10	11
6	7	8	9	10	11	12

(3)出た目の数の和が8以上になるのは□

の部分の15通りであるから，

$\dfrac{15}{36}=\dfrac{5}{12}$

❸
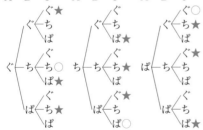

A B C　　A B C　　A B C
　　　ぐ★　　　　ぐ　　　　　ぐ○
　ぐ─ち　　　ぐ─ち　　　ぐ─ち★
　　　ぱ　　　　ぱ★　　　　ぱ
ぐ─ち─ち○　ち─ち─ち★　ぱ─ち─ち
　　　ぱ★　　　　ぱ　　　　ぱ
　　　ぐ　　　　ぐ★　　　　ぐ
　ぱ─ち★　　　ぱ─ち　　　ぱ─ち
　　　ぱ　　　　ぱ○　　　　ぱ★

(1)A，B，C3人の出し方は，上の図の

ように27通りあり，このうちAだけが

勝つのは○のついた3通りなので，

$\dfrac{3}{27}=\dfrac{1}{9}$

(2)あいこになるのは，★のついた9通り

あるので，求める確率は，$\dfrac{9}{27}=\dfrac{1}{3}$

57　いろいろな確率 ②

❶ (1)$\dfrac{1}{3}$　(2)$\dfrac{2}{3}$

❷ (1)$\dfrac{3}{5}$　(2)$\dfrac{3}{10}$

解き方　考え方

❶ (1)全部で6通りの整

数ができ，そのうち

偶数であるのは，○

のついた2通り。

(2)20以上であるの

は，★のついた4通

りなので，$\dfrac{4}{6}=\dfrac{2}{3}$

1 ─ 2 → 12○
　└ 3 → 13
2 ─ 1 → 21　★
　└ 3 → 23　★
3 ─ 1 → 31　★
　└ 2 → 32○★

❷ 2枚のカードを取り

出す組み合わせは10

通りある。

(1)このうち，2つの

数の和が6以上にな

るのは，○のついた

6通りなので，

$\dfrac{6}{10}=\dfrac{3}{5}$

(2)2つの数の積が奇

数になるのは★のつ

　　　　　和　積
1 ─ 2　　3　2
　├ 3　　4　3★
　├ 4　　5　4
　└ 5　　6○5★
2 ─ 3　　5　6
　├ 4　　6○8
　└ 5　　7○10
3 ─ 4　　7○12
　└ 5　　8○15★
4 ─ 5　　9○20

いた3通りなので，求める確率は$\dfrac{3}{10}$

2枚のカードの順序を考える必要はない

ことに注意する。

58　いろいろな確率 ③

❶ $\dfrac{9}{25}$

❷ $\dfrac{4}{15}$

❸ $\dfrac{3}{10}$

❹ $\dfrac{7}{10}$

解き方　考え方

❶ 同じ色の玉には番号をつけるなどして区

別する。2回の玉の取り出し方は，右の表のように25通りあり，そのうち2回とも白玉であるのは，○のついた9通りあるから，求める確率は，$\dfrac{9}{25}$

2回目 1回目	赤₁	赤₂	白₁	白₂	白₃
赤₁					
赤₂					
白₁			○	○	○
白₂			○	○	○
白₃			○	○	○

❷ 2回続けて取り出すので，同じ玉を取り出すことはない。2回の玉の取り出し方は，右の表のように30通りで，そのうち1回目が赤玉で，2回目が白玉であるのは，○のついた8通り。

2回目 1回目	赤₁	赤₂	赤₃	赤₄	白₁	白₂
赤₁					○	○
赤₂					○	○
赤₃					○	○
赤₄					○	○
白₁						
白₂						

よって，求める確率は，$\dfrac{8}{30}=\dfrac{4}{15}$

❸ 2個の玉を取り出す組み合わせは次の10通りある。

このうち，2個とも白玉が出るのは，★のついた3通りなので，求める確率は，$\dfrac{3}{10}$

❹ 2個の玉を取り出す組み合わせは次の10通りある。

このうち，2個の玉の色が同じになるのは★のついた3通りなので，玉の色が異なる確率は，$1-\dfrac{3}{10}=\dfrac{7}{10}$

---

59 いろいろな確率 ④

❶ (1) $\dfrac{2}{5}$　(2) $\dfrac{1}{10}$　(3) $\dfrac{7}{10}$

❷ $\dfrac{1}{12}$

❸ (1) $\dfrac{1}{10}$　(2) $\dfrac{2}{5}$

解き方・考え方

❶ 当たりくじを Ⓐ, Ⓑ, はずれくじを ①, ②, ③とすると，2本のくじのひき方は，次の10通りある。

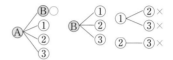

(2) 2本とも当たるのは，○のついた1通りだから，求める確率は，$\dfrac{1}{10}$

(3) 少なくとも1本当たる確率は，
1－ 2本ともはずれる確率
で求められる。2本ともはずれるのは×のついた3通りなので，その確率は$\dfrac{3}{10}$

よって，求める確率は，$1-\dfrac{3}{10}=\dfrac{7}{10}$

❷ 4人から給食係と掃除係を選ぶ選び方は，次の12通りある。

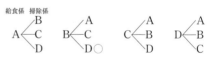

このうち，Bが給食係，Dが掃除係に選ばれるのは，○のついた1通り。

❸ 5人から2人を選ぶ選び方は，次の10通りある。

(1) AとEの2人が選ばれるのは，★のついた1通り。

(2)Bが選ばれるのは，○のついた4通りだから，求める確率は，$\dfrac{4}{10}=\dfrac{2}{5}$

60 まとめテスト ⑦

❶ $\dfrac{7}{8}$

❷ $\dfrac{1}{9}$

❸ $\dfrac{1}{3}$

❹ $\dfrac{1}{5}$

解き方 考え方

❶ コインを3回投げるとき，表と裏の出方は次の8通りで，少なくとも1回は裏が出るのは○のついた7通り。

別解 1回も裏が出ないのは，3回とも表が出る場合で，1通り。よって求める確率は，$1-\dfrac{1}{8}=\dfrac{7}{8}$

❷ 大小2つのさいころの出た目の数の差を表にまとめると，右のようになる。目の数の差が4になるのは，○のついた4通りだから，求める確率は，$\dfrac{4}{36}=\dfrac{1}{9}$

大\小	1	2	3	4	5	6
1	0	1	2	3	④	5
2	1	0	1	2	3	④
3	2	1	0	1	2	3
4	3	2	1	0	1	2
5	④	3	2	1	0	1
6	5	④	3	2	1	0

❸ 2枚のカードの取り出し方は右のようになり，12通りの整数ができる。3の倍数になるのは，○のついた4通り。

❹ 2個とも赤玉が出るのは，次の15通りのうちの○のついた3通り。

赤₁ ─ 赤₂○
　　　 赤₃○
　　　 白₁
　　　 白₂
　　　 白₃
赤₂ ─ 赤₃○
　　　 白₁
　　　 白₂
　　　 白₃
赤₃ ─ 白₁
　　　 白₂
　　　 白₃
白₁ ─ 白₂
　　　 白₃
白₂ ─ 白₃